ISMAEL SADOU

Insectos Associados À Cultura Do Arroz

ISMAEL SADOU

Insectos Associados À Cultura Do Arroz

No Extremo Norte Da Zona Sudanesa-saheliana

ScienciaScripts

Cover image: www.ingimage.com

This book is a translation from the original published under ISBN 978-3-639-60669-0.

Publisher:
Sciencia Scripts
is a trademark of
Dodo Books Indian Ocean Ltd. and OmniScriptum S.R.L publishing group

120 High Road, East Finchley, London, N2 9ED, United Kingdom
Str. Armeneasca 28/1, office 1, Chisinau MD-2012, Republic of Moldova, Europe
Managing Directors: Ieva Konstantinova, Victoria Ursu
info@omniscriptum.com

Printed at: see last page
ISBN: 978-620-8-51775-5

INSECTOS PRAGAS DO ARROZ NA ZONA SUDANO-SAHELIANA

ÍNDICE

INTRODUÇÃO

Quando se trata de insectos, o arroz é uma planta hospedeira extremamente importante em termos de nutrição e reprodução. Todas as partes da planta são atacadas, desde as raízes até às sementes em desenvolvimento. Os insectos que atacam as sementes alimentam-se das sementes em desenvolvimento. Os desfolhadores alimentam-se das folhas. Os insectos que atacam as brocas alimentam-se das folhas e dos caules. As brocas alimentam-se no interior dos caules e algumas espécies alimentam-se nas raízes (Heinrichs, 1994). Em todo o mundo, existem cerca de 800 espécies de insectos que causam danos às plantas e às sementes armazenadas (Heinrichs e Barrion, 2004).

1. A PLANTA DE ARROZ

O arroz (Oryza sativa L.) é o alimento básico de mais de metade da população mundial (FAO, 2013). De acordo com o Departamento de Agricultura dos Estados Unidos (USDA) (2014), foram estabelecidos recordes tanto na produção global de arroz, com 465,6 milhões, como no consumo, com 468,7 milhões, em 2013 (USDA, 2014). De acordo com a FAO (2013), o consumo mundial de arroz deverá aumentar entre 2012 e 2022 em pouco mais de 1% ao ano, em comparação com 1,7% para o período de 1990 a 2010. Prevê-se que o consumo médio per capita aumente ligeiramente em comparação com o período de referência, para 58,2 kg por pessoa (FAO, 2013).Em África, o aumento da produção pode ser alcançado tanto aumentando a área cultivada como melhorando os rendimentos. Nos Camarões, a produção nacional de arroz está estimada em 311 674 toneladas de arroz paddy cultivado em 44 000 ha, cobrindo apenas 38% das necessidades (FAO, 2013). Como resultado, as importações aumentaram de 21.000 toneladas em 1975 para 728.443 toneladas em 2017, apesar do potencial do país, daí a necessidade de aumentar a produção para reduzir as importações particularmente caras (FAO, 2017).A produção da Société d'Expansion et de Modernisation de la Riziculture de Yagoua (SEMRY) cobre uma área de 11.518 hectares, representando mais de metade das terras irrigadas e fornecendo pelo menos 90% da produção nacional (FAO, 2013).A cultura do arroz em África está sujeita a uma série de constrangimentos que dificultam seriamente a produção. Existem dois tipos de obstáculos: obstáculos abióticos (solo e clima) e obstáculos bióticos: insectos, ervas daninhas, doenças, aves, nemátodos e roedores (Heinrichs et al., 2004).Os insectos pragas do arroz constituem um dos principais grupos de agentes biológicos que limitam a produção de arroz nos Camarões (Nacro, 2014). As principais espécies de insectos pragas normalmente encontradas no arroz enquadram-se em várias ordens (WARDA, 2016), no entanto, de acordo com Nacro (2014), quatro (4) ordens destacam-se como sendo as mais importantes. Estas são Lepidoptera, Isoptera, Coleoptera e Diptera, que causam danos consideráveis aos campos de arroz (Vaissayre, 2007).Nos Camarões, os ataques de pragas são uma das razões para os baixos rendimentos. As perdas de rendimento podem atingir 30% para o arroz de sequeiro e o total para o arroz de terras baixas (Dakouo e Nacro, 2012). A utilização de insecticidas químicos foi favorecida para lidar com estes grandes e diversos grupos de pragas (Vaissayre et al., 2006). Logo que surgiram, os insecticidas sintéticos atraíram a atenção devido à sua eficácia e aos benefícios imediatos que traziam (Crétenet et al., 2015). De um modo geral, o aparecimento dos pesticidas permitiu travar a ação das pragas e foi visto como uma panaceia antes de ser interrompido (Guèye, 2012).

1.1. Informações gerais sobre o arroz

1.1.1. Origem e distribuição geográfica

As origens do arroz autóctone africano, Oryza glaberrima, ou arroz flutuante, remontam a cerca de 3500 anos, no delta do Níger, onde era largamente cultivado (Bouafia, 2002). A sua cultura foi substituída pela de Oryza sativa, importada da Ásia, e atualmente limita-se essencialmente ao norte da Nigéria e à Serra Leoa (FAO, 2004). Variedades de Oryza sativa da Guiana e do Sri Lanka foram introduzidas na Nigéria por volta de 1890, mas as datas precisas e as origens das primeiras introduções em África não são conhecidas (Polaszek et al., 2000). Existem muitas variedades cultivadas de Oryza sativa, utilizadas de acordo com o tipo de cultivo de arroz praticado (Amuli, 2015). A Nigéria é o único país africano a sul do Saara que produz atualmente uma quantidade significativa de arroz, sendo que a maioria dos outros países depende principalmente de importações (FAO, 2004). Madagáscar é outro grande produtor de arroz (Polaszek et al., 2000). No entanto, é cada vez mais utilizado como fonte de caraterísticas de interesse agronómico em programas de melhoramento de arroz para África (FAO, 2004).

A domesticação da Oryza sativa a partir da Oryza rufipogon na Índia e na China remonta a mais de 8000 anos (FAO, 2004). Pensa-se que chegou ao Japão no século [I]. Os navegadores malaios introduziram o arroz da Indonésia em Madagáscar por volta do século IV (Amuli, 2015). Os europeus introduziram o arroz asiático em África a partir do século XV e mais tarde na América (Amuli, 2015).

A Oryza sativa apresenta-se numa grande variedade de formas. Estas formas foram classificadas em duas subespécies, indica e japonica (Amuli, 2015). Inicialmente baseada em caraterísticas morfofisiológicas e no comportamento de cruzamento, esta classificação foi confirmada por ferramentas bioquímicas e moleculares de análise da variabilidade genética (Bouafia, 2002).

Os arrozais cultivados pertencem quer à espécie Oryza sativa, a mais difundida, cujas variedades são originárias da Ásia, quer à espécie Oryza glaberrima, cultivada na África Ocidental (Delseny, 2016). Pensa-se que todas as variedades de Oryza sativa derivam da espécie selvagem Oryza fatua, que cresce em estado selvagem na Índia, Malásia, Java e península da Indochina (Bouafia, 2002).

A sua introdução na África Central é atribuída aos árabes (Amuli, 2015). Só em 1840 é que foi introduzido no Congo pelos árabes. Mas a verdadeira expansão no país ocorreu durante as campanhas de rizicultura de 1935-1955, durante as quais foram disseminadas diversas variedades selecionadas pelo Institut National pour l'Etude Agronomique au Congo (INEAC) (Bouman et al., 2011).

O arroz é uma planta monocotiledónea da família Gramineae ou Poaceae (Delseny, 2016). O arroz cultivado pertence a duas espécies botânicas do género Oryza (Oryza sativa e Oryza glaberrima). A espécie mais cultivada é a Oryza sativa L, que é diploide, auto-polinizadora e nativa do Sul e Sudeste Asiático (Second, 1982). Pensa-se que foi domesticado a partir de Oryza rufipogon na Índia e na China há mais de 10.000 anos (De Datta, 1981). Os europeus introduziram o arroz asiático em África a partir do século XV e, mais tarde, na América. A espécie Oryza glaberrima ou arroz africano ou arroz de Casamança é originária da África Central e tem sido domesticada na África Ocidental há 3500 anos (Dobelmainn, 2010).

Uma terceira espécie de arroz resultante de um cruzamento entre Oryza sativa L (arroz asiático) e Oryza glaberrima (arroz africano) é cultivada em África e no resto do "Novo Arroz Africano" ou NERICA (WARDA, 2006). O seu germoplasma oferece uma esperança real de melhorar a produtividade, a rentabilidade e a sustentabilidade da cultura do arroz em África (WARDA, 2006).

1.1.2. Classificação do arroz

Há muitas formas diferentes de classificar o arroz e existem vários sistemas de classificação baseados em diferentes critérios, que podem ser classificados da seguinte forma (Vaughan et al., 2003):

Reino : Plantae

Sub-região: Tracheobionta **Divisão:** Magnoliophyta **Classe:** Liliopsida
Subclasse: Commelinidae

Ordem : Cyperales

Família: Poaceae (gramíneas)

Género: Oryza L., 1753

O arroz cultivado pertence ao género Oryza, da família das gramíneas e da ordem Poales (Schalbroeck, 2001). O género Oryza contém mais de trinta espécies, duas das quais são atualmente cultivadas, nomeadamente Oryza sativa L. e Oryza glaberrima Steud (Amuli, 2015). A espécie Oryza sativa L. é originária da Índia e da China, e o seu cultivo espalhou-se pela Ásia, depois pela Grécia e Roma, mais tarde por Madagáscar, África e finalmente pela América (Schalbroeck, 2001).

De acordo com a classificação botânica, a espécie Oryza sativa L. compreende três subespécies: Japónica, Javanica e Indica (WARDA, 2014). Distingue-se da O. glaberrima pela sua lígula curta e truncada. A espécie Oryza glaberrima adapta-se a solos hidromórficos extremamente variados (Amuli, 2015).

1.1.3. Biologia da planta do arroz

O ciclo de vida do arroz anual é composto por várias fases (Gaufichion et al., 2010). Durante o seu crescimento, o arroz passa por três fases essenciais. Uma fase vegetativa, desde a germinação até à iniciação dos primórdios florais; uma fase reprodutiva, desde esta iniciação até à polinização; e finalmente uma fase de maturação dos grãos. É de notar que a duração da fase vegetativa varia significativamente entre espécies sob as mesmas condições de crescimento, enquanto a duração da fase reprodutiva permanece mais ou menos constante, independentemente da variedade (WARDA, 2014).

1.1.4. Morfologia vegetal

O arroz é uma gramínea anual (poaceae) com um caule que pode atingir 2 m de altura, ou mesmo mais, no caso das variedades flutuantes e semi-flutuantes (WARDA, 2014). A base do caule emite um rebento que dá origem a um caule secundário, ou talo (Bouafia, 2002). Este talo, graças aos seus gomos, vai por sua vez dar origem a caules terciários, quaternários, etc. São todos estes perfilhos, uma única planta, que constituem o tufo de arroz. A inflorescência é uma panícula ramificada, de largura e densidade variáveis, com 20 a 40 cm de comprimento. As espiguetas têm uma única flor fértil hermafrodita com 6 estames. As glumelas, frequentemente aristadas (arroz "barbudo"), envolvem completamente o grão depois de formado. O fruto é uma cariopse. Juntamente com as glumas e as glumelas que o rodeiam, forma o chamado arroz em casca (Bouafia, 2002). Quando maduro, a sua cor varia entre a palha clara e o púrpura profundo e os tons dourados. A cariopse é constituída pelos tegumentos e pelo albúmen (WARDA, 2014). Os tegumentos podem ser de várias cores: castanho-avermelhado, cinzento, púrpura. O albúmen é mais ou menos translúcido, consoante o seu teor de amilose. Nas variedades glutinosas, o albúmen é opaco, branco e calcário; o seu teor de amilose é próximo de zero. O peso de 1000 grãos de arroz varia de 20 a 45g (Abdoulaye et al., 2013). A folha é constituída por uma lâmina, uma bainha, duas aurículas (aurículas) e uma lígula. A lâmina, que é geralmente peluda, tem 30 a 50 cm de comprimento e 1,0 a 1,5 cm de largura (Abdoulaye et al., 2013). A bainha envolve completamente o entrenó. As aurículas situam-se de cada lado da base da lâmina foliar, e a lígula é uma estrutura membranosa, triangular, frequentemente bífida, com 10 a 45 cm de comprimento, que se estende pela parte superior da bainha (Abdoulaye et al., 2013). A última folha é a folha da panícula, por vezes designada por folha bandeira ou estandarte; a sua lâmina é mais larga do que a das outras folhas (Schalbroeck, 2001).

Cada grão germinado dá origem a um tufo de até trinta perfilhos na fase vegetativa (Abdoulaye et al., 2013). Um número limitado destes perfilhos, até cerca de quinze, produz panículas. A altura da planta na maturidade varia de 0,60 m a mais de 2 m consoante a variedade, podendo atingir 5 m nas variedades flutuantes (WARDA, 2014).

1.1.5. Fisiologia do arroz

De acordo com Schalbroeck (2001), as melhores condições do solo são necessárias para um bom crescimento do arroz.

1.1.5.1. O chão

O arroz irrigado prefere solos pesados com baixas perdas de água por percolação. O pH ótimo varia entre 6,0 e 7,0, mas o arroz irrigado pode tolerar valores de pH de 4,5 a 8,5, porque depois de um campo de arroz ser submerso, o pH que era ácido aumenta e o pH que era básico diminui em cerca de duas unidades (Schalbroeck, 2001). Para a cultura de sequeiro, o arroz requer um solo rico e solto, com boa capacidade de retenção de água e um pH ótimo entre 6 e 7.

1.1.5.2. Temperatura

Abaixo de 12 - 13°C, a germinação do arroz é impossível e algumas variedades requerem uma temperatura mínima de 18°C (Schalbroeck, 2001). As plântulas podem recuperar após o transplante a uma temperatura média diária de cerca de 13 a 15°C (Wopereis et al., 2008).

O quadro 2 indica as temperaturas do ar necessárias para a cultura do arroz.

Quadro 1: Temperaturas do ar necessárias para a cultura do arroz, de acordo com Wopereis et al.al. (2008)

Fase de desenvolvimento	Temperatura do ar (oc)		
	Mínimo	Ótimo	Máximo
Germinação	14-16	30-35	42
Tallage	16-18	28-30	40
Floração	22	27-29	40
Maturação	/	25	40

1.1.5.3. Necessidades de água

A cultura do arroz irrigado com lençol freático permanente necessita de um lençol freático de 1.000 a 1.500 mm, tendo em conta as perdas nos canais. Na cultura do arroz de sequeiro, uma precipitação bem distribuída de 800 a 1000 mm é suficiente para um ciclo vegetativo de 4 a 5 meses (Romains, 2001).Dependendo das condições climáticas e da duração do ciclo vegetativo, as necessidades hídricas em termos de evapotranspiração potencial situam-se entre 400 e 800 mm (Songbo, 2011).

1.1.5.4. Luz

A luz solar desempenha um papel importante no crescimento e no rendimento do arroz, encorajando o perfilhamento e aumentando o número de espiguetas e o peso das sementes. É necessário um mínimo de 400 horas de sol durante os primeiros dois meses de cultivo, incluindo 220 a 240 horas durante o último mês, para obter um rendimento elevado (Dobelmainn, 2010).

A dormência das sementes (5 a 8 semanas) é controlada por factores genéticos e condições de crescimento durante os processos de crescimento e maturação (WARDA, 2014). As variedades japónicas não têm dormência. No arroz Indica, quanto mais longo for o ciclo, mais pronunciada é a dormência, o que não ocorre normalmente nas variedades de ciclo curto (Abdoulaye et al., 2013). Nalgumas variedades, a dormência está ligada ao fotoperiodismo, com os dias longos a acentuarem a dormência. A dormência pode ser levantada por vários tratamentos, cuja eficácia varia de variedade para variedade: pela temperatura (manter os grãos secos a cerca de 45°C durante uma a duas semanas), pela humidade na presença de oxigénio (por exemplo, camada superior do solo) e pela imersão em soluções de hipoclorito de sódio ou ácido nítrico (WARDA, 2014). A dormência é uma desvantagem quando se pretende cultivar a mesma variedade duas vezes por ano e utilizar a colheita da primeira época para semear a segunda. A dormência não tem qualquer efeito sobre a longevidade das sementes, cuja capacidade germinativa diminui rapidamente após um ano em condições normais de armazenamento.

O arroz é uma planta de dias curtos cuja sensibilidade ao fotoperíodo difere de uma variedade para outra. As variedades de ciclo curto tendem a ser insensíveis ou apenas ligeiramente sensíveis ao fotoperíodo, enquanto as variedades de ciclo longo são geralmente sensíveis (WARDA, 2014). Além disso, as variedades indica são geralmente mais sensíveis do que as variedades japonica. Os arrozes tropicais, maioritariamente do tipo indica, florescem mais rapidamente para durações de luz de 10 a 12 horas, enquanto os arrozes japoneses toleram dias de 14 a 15 horas (WARDA, 2014). As variedades insensíveis podem ser semeadas em qualquer estação e prestam-se bem à dupla cultura (Schalbroeck, 2001).

1.1.6. Ciclo vegetativo do arroz

O ciclo vegetativo do arroz pode ser dividido em três fases e cinco estádios fenológicos (Lacharme, 2001):

- A fase vegetativa, que compreende duas etapas: a fase de plântula e a fase de perfilhamento.
- A fase reprodutiva compreende igualmente duas etapas: a fase de iniciação panicular, seguida do enraizamento, e a fase de vingamento, floração e fecundação.
- A fase de maturação, que tem apenas uma etapa: a fase de maturação da semente. Esta fase inicia-se logo após a fecundação do óvulo e caracteriza-se por alterações fisiológicas progressivas do óvulo fecundado que conduzem a um grão maduro.

O ciclo vegetativo varia entre 90 e 160 dias, consoante a variedade e a sensibilidade à duração do dia. (Schalbroeck, 2001).

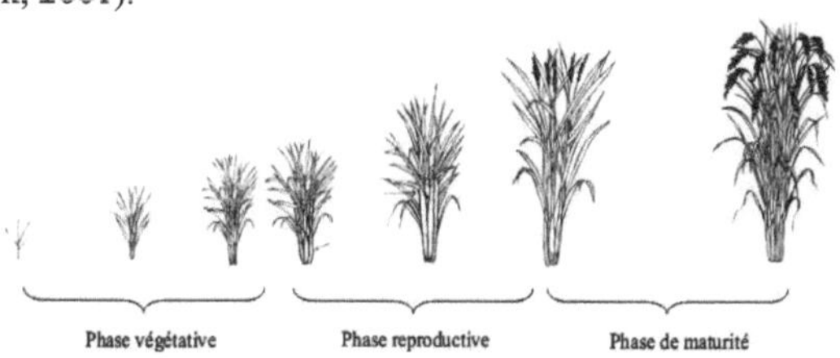

Figura 1: As três fases principais do desenvolvimento do arroz, de acordo com Wopereis et al., 2008

1.1.7. Dados fenológicos do arroz

O arroz tem quatro estádios fenológicos claramente diferenciados (quadro 1). Estes estádios fenológicos têm, por vezes, uma influência muito forte na fauna de insectos que vivem em detrimento do arroz, nas modalidades dos seus ataques e, subsequentemente, nas perdas de culturas que provocam (WARDA, 2014).

Quadro 2: Caraterísticas dos estádios fenológicos do arroz

Fases fenológicas	Caraterísticas
Germinação (Viveiro)	Germinação e emergência das sementes; emergência simultânea do coleóptilo e da coleorriza, depois crescimento simultâneo de ambos os elementos
Alongamento (Tallage)	Emissão sucessiva de diferentes perfilhos, de acordo com o processo de perfilhamento de uma gramínea (o número final de perfilhos é uma caraterística varietal).
Montagem	A panícula emerge após o alongamento do último entrenó imediatamente abaixo da sua inserção.
Floração (Epiaison)	Abertura das espiguetas, emergência dos estames e fecundação dos óvulos. Esta fase, muito efémera, corresponde à antese e termina com o fecho das espiguetas.
Maturação de sementes	Alterações fisiológicas progressivas no óvulo fertilizado que conduzem a gradualmente em direção ao grão maduro

1.1.8. Condicionalismos da produção de arroz

Há uma série de obstáculos à produção de arroz em África. Existem dois tipos de obstáculos: obstáculos abióticos (solo e clima) e obstáculos bióticos: ervas daninhas, doenças, aves, nemátodos, roedores e insectos (Heinrichs et al., 2004).

2. PRAGAS DE INSECTOS ASSOCIADAS À CULTURA DO ARROZ

Os insectos pragas do arroz constituem um dos principais grupos de agentes biológicos que limitam a produção de arroz nos Camarões (Nacro, 2014). As principais espécies de insectos pragas normalmente encontradas no arroz enquadram-se em várias ordens (WARDA, 2016), no entanto, de acordo com Nacro (2014), quatro (4) ordens destacam-se como sendo as mais importantes. Destes grupos de pragas de insectos, os Lepidoptera e Diptera perfuradores de caules continuam a ser os principais inimigos nos perímetros de cultivo de arroz da SEMRY (Dakouo, et al., 2018). Entre os Lepidópteros brocadores, Chilo zacconius Bleszynski (Foto 1); C. diffusilineus de Joannis; Maliarpha separatelia Ragonot (Foto 2); Sesamia calamistis Hampson (Foto 3) (WARDA, 2016). Entre os dípteros, a mosca do diopsídio; Diopsis sp. (Foto 5) e o mosquito do arroz (Orseolia oryzivora Harris et Gagne) (Foto 6) são as principais espécies de pragas (WARDA, 2016).

2.1. Ordem Lepidoptera

a) Chilo spp

De acordo com Bonzi (2017), o género Chilo (Foto 1) é o grupo mais importante de brocas do caule do arroz. As duas espécies comummente encontradas no arroz, Chilo zacconius Bleszynski (syn. Procera africanaï e C. diffusilineus de Joannis) são morfologicamente muito semelhantes, com larvas que parecem idênticas (Meijerman et al., 2014). De acordo com Bordat et al (2010), ao contrário de outras brocas, Chilo zacconius não permanece normalmente no restolho de arroz seco durante a cultura intercalar. Como não tem diapausa invernal, esta broca encontra refúgio em ervas daninhas em locais que se mantêm húmidos, onde se pode reproduzir. De acordo com Maes (2016), a fêmea Chilo zacconius deposita um lote de 80 ovos sobrepostos nas lâminas foliares das plantas de arroz. O número de ovos varia de 10 a 135 e o período de incubação é de 4 a 6 dias (WARDA, 2010). Em Chilo zacconius, a oviposição pode durar até 7 dias, mas a produção nos últimos dois dias é menor (Coquart et al., 2011).Após uma curta fase de alimentação nos tecidos epidérmicos, a larva jovem penetra no caule do arroz, escava uma galeria e completa seu desenvolvimento antes de pupar (Betbeder, 2012).

Foto 1: Chilo zacconius (fonte: SADOU I., 2019)

b) Maliarpha separatella Ragonot

Segundo Maes (2016), a Maliarpha separatella Ragonot (Foto 2) é a broca do caule mais importante da subfamília Phycitinae. É na fase de perfilhamento que a fêmea deposita os seus ovos (6 a 7 lotes de cerca de 40 ovos colados na face superior da folha por um cimento que, à medida que seca, provoca um beliscão caraterístico da lâmina foliar envolvendo completamente os ovos (Breniere, 2013). O período de incubação é de 7 a 10 dias. A fase larvar dura de 40 a 70 dias e a larva passa por 5 a 7 estádios (WARDA, 2016). O período pupal dura de 32 a 65 dias. Raramente existe mais do que uma larva por caule (Maes, 2016). A pupação ocorre 30 a 50 dias após a eclosão no entrenó inferior. A larva desenvolve-se inteiramente num (1) ou dois (2) entrenós, é incapaz de migrar de um perfilho para outro e não consegue sobreviver numa planta sem um entrenó (Akinsola et al., 2014). A larva e a pupa madura têm 22 mm e 15 mm de comprimento, respetivamente.

Foto 2: Maliarpha separatella Ragonot (fonte: SADOU I., 2019)

c) Sesamia calamistis Hampson

O adulto (Foto 3) põe 350 ovos depositados em lotes de 10 a 40 sem qualquer alinhamento particular nas bainhas das folhas que os protegem (Nacro, 2017). Após a eclosão, as larvas penetram diretamente no caule. Holloway (2016), relata que a duração do estágio larval (30 a 60 dias) depende das condições climáticas. A larva sofre 5 a 6 mudas e pode atacar vários caules jovens em sucessão. Na fase de pupa, a geração ocorre no caule e, raramente, entre a bainha da folha e o caule. Os períodos larvares e pupais duram entre 10 e 14 dias e 28 e 35 dias, respetivamente (Nacro, 2017).

Foto 3: Sesamia calamistis Hampson (fonte: SADOU I., 2019)

2.1.1. Danos

Os danos provocados pela broca do caule são causados pelo desenvolvimento de larvas no caule. De acordo com Bacye (2016), a extensão e a natureza dos danos causados pela alimentação das larvas no caule dependem do estádio fenológico da planta. Por seu lado, Ingram (2016) indica que a gravidade dos danos varia consoante a estação do ano, o tipo de cultura do arroz, a zona e depende das práticas de cultivo e do tipo de brocas do caule presentes. Dois tipos de danos são frequentemente observados (Akinsola et al., 2014; Nacro, 2014; Toure, 2017).Um ataque precoce durante a fase vegetativa que leva à destruição do botão central e à secagem da folha central, caracterizada pelo sintoma "coração morto" (Toure, 2017). Quando o ataque ocorre durante a fase reprodutiva (floração), as larvas alimentam-se no interior do pedúnculo floral, que seca até formar uma panícula totalmente branca, com as espiguetas esvaziadas das suas sementes; é o sintoma de "panícula branca". O caule pode então quebrar-se. De acordo com Bordat et al. (2010), o caule atacado por Chilo zacconius é geralmente completamente destruído, quer no perfilhamento, quer no encabeçamento. A Maliarpha separatella provoca o desprendimento total do caule nos entrenós (Akinsola et al., 2014). Além disso, o ataque da broca do caule é menos prejudicial quando ocorre no perfilhamento, porque a planta pode compensar produzindo outros perfilhos (Heinrichs, 2008).

2.2. Ordem Diptera

Esta ordem agrupa várias espécies, incluindo as moscas diopsidas Diopsis spp. e o mosquito do arroz Orseolia oryzivora Harris & Gagné.

2.2.1. Diopsis spp

De acordo com Heinrichs (2008), Diopsis apicalis (Foto 4) e Diopsis thoracica (Foto 5) são as duas (2) espécies mais importantes que se encontram habitualmente nos campos de arroz. A Diopsis thoracica é a espécie mais abundante e difundida nas zonas húmidas e pouco frequente nas zonas secas (Breniere, 2013). A mosca Diopsida distingue-se pela forma caraterística do adulto, que apresenta dois pedúnculos muito longos na cabeça, com os olhos numa protuberância na ponta. A biologia das duas espécies é mais ou menos idêntica, mas a Diopsis apicalis distingue-se pelo facto de ser mais pequena em tamanho e de as pontas das asas serem pretas (Breniere, 2013). A fêmea deposita os ovos entre a bainha da folha e o caule (Nacro, 2014). A incubação dura 2 a 3 dias. A fase larvar dura 4 a 5 semanas e a fase de pupa 10 a 22 dias. A duração total do ciclo é de 60 dias. A larva alimenta-se no interior dos jovens perfilhos. Segundo Nacro (2014), os ataques de Diopsídeos ocorrem no início do perfilhamento e, durante a sua vida, uma única larva pode destruir até dez caules vizinhos. Os danos causados pelos Diopsídeos limitam-se aos caules jovens durante o período de perfilhamento. Manifesta-se por atrasos no enraizamento e uma redução no número de caules frutíferos (Okocha, et al., 2017). Cada perfilho afetado apresenta o sintoma de "coração morto" e os perfilhos perdem-se. De acordo com Akinsola et al (2014), os danos são semelhantes aos dos lepidópteros perfuradores de caules.

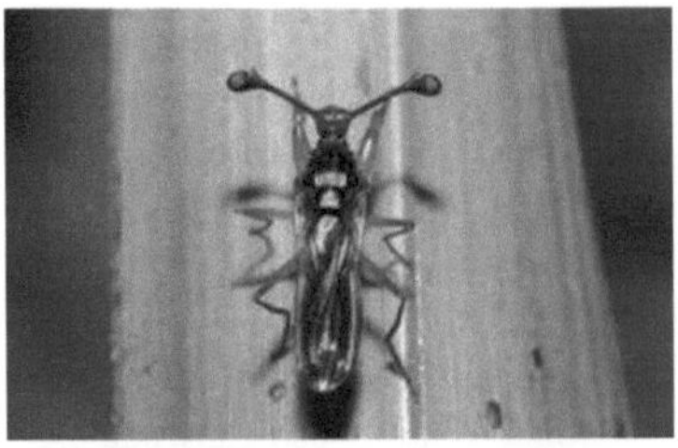

Foto 4: Diopsis apicalis (fonte: SADOU I., 2019)

Foto 5: Diopsis thoracica (fonte: SADOU I., 2019)

2.2.2. Mosca africana do arroz, Orseolia oryzivora Harris & Gagne

Segundo Dakouo et al (2016), a espécie asiática Orseolia oryzae Wood Mason (Foto: 6) foi durante muito tempo considerada como a única presente nos continentes asiático e africano. Estas duas espécies apresentam distinções morfológicas nas fases de larva, pupa e adulto (Harris et al., 2015). Orseolia oryzivora emergiu como o inseto praga mais importante do arroz (Dakouo et al., 2018). As fêmeas instalam-se nas folhas das plântulas jovens, onde depositam os seus ovos (200 a 200 ovos depositados em lotes de 2 a 10) (Harris et al., 2015). Após a eclosão, as larvas penetram na bainha da folha até o ponto apical. As larvas só se desenvolvem nos perfilhos antes de se transformarem em bolinhas (Breniere, 2013). Podem ser observadas duas a três ou mais gerações por cultura e o desenvolvimento do ovo ao adulto demora 26 a 36 dias (WARDA, 2010). Os danos são causados pela atividade da larva, que se alimenta no interior do talo jovem infestado. A larva rói o ponto apical (gomo), provocando o alongamento dos tecidos e a formação de estruturas tubulares denominadas galhas, de cor prateada e que se assemelham a folhas de cebola (daí os respectivos nomes de "rebentos prateados", "folhas" ou "tubos de cebola") (Perera & Fernando, 1970 citado por Harris et al., 2015). Por conseguinte, a formação de perfilhos resulta sempre na perda de perfilhos. De acordo com Dakouo et al (2018), a extensão dos danos varia consoante o ano e as práticas de cultivo.

Foto 6: Orseolia oryzae Wood Mason (fonte: SADOU I., 2019)

A Orseolia aryzivora é originária de África. Foi descoberta pela primeira vez em 1947 no sul do Sudão, mas atualmente encontra-se em mais de 20 países a sul do Sara (Harris e Gagné, 1982). Antes de 1982, era considerada a mesma espécie que existe na Ásia (Orseolia aryzae), mas Harris e Gagné (1982) sublinharam as diferenças morfológicas entre as duas espécies. Está presente nos Camarões, no Níger e no Togo desde 1955. Na África Ocidental, encontra-se em todas as zonas agro-ecológicas, exceto no Sahel. Apareceu na Nigéria em 1960, na Zâmbia em 1984, na Tanzânia em 1991 e na Serra Leoa em 1994 (Anónimo 1984, Alam et al 1985, Singh 1995).

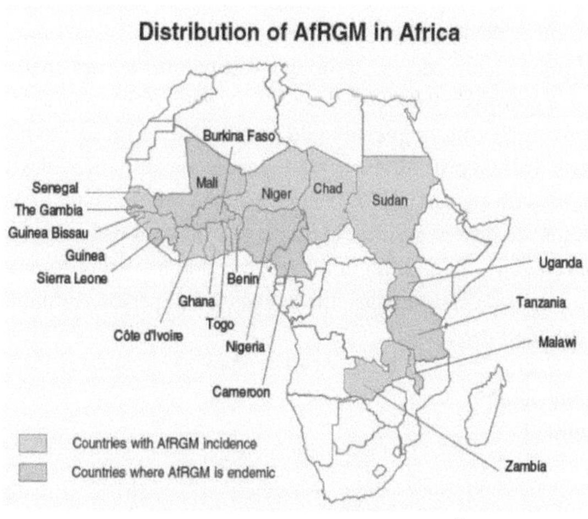

Foto7: Distribuição do AfRGM em África

- **Descrição**

❖ Adulto

Os adultos têm um par de asas e três pares de patas. O macho tem cerca de 3 mm de comprimento, com um corpo castanho-amarelado, enquanto a fêmea tem cerca de 3,5 mm de comprimento, com um abdómen vermelho claro. O macho tem uma antena longa e curvada, enquanto a da fêmea é curta (Bouchard et al 1992).

❖ Biologia

A biologia destes insectos foi amplamente estudada por investigadores (Panda e Mohanty 1970, Perera e Fernando 1970, Hidaka et al 1974, Kalode et al 1977). O macho emerge geralmente muito cedo de manhã, antes da fêmea. Assim que a fêmea emerge, o acasalamento dá-se imediatamente. O macho pode acasalar com 2 a 4 fêmeas, enquanto que a fêmea só pode acasalar durante o seu ciclo de vida. A proporção entre os sexos é geralmente de 1 macho para 3 fêmeas (1:3). As condições ambientais podem, por vezes, alterar este rácio. Frequentemente é de 1:6 ou mesmo de 1:0,5. Sain e Kalode (1988) mostram que os descendentes de Orseolia oryzivora são unissexuais.

❖ Ciclo anual

O ciclo anual do mosquito africano do arroz pode ser resumido da seguinte forma:

- No início da estação das chuvas, o mosquito migra de hospedeiros alternativos para a cultura de arroz recentemente estabelecida. As suas populações são mantidas nestes hospedeiros a um nível baixo durante toda a estação das chuvas.
- Simultaneamente, no arroz, graças a condições climáticas e bióticas particularmente favoráveis, as suas populações vão crescendo até o arroz atingir a maturidade.
- No final da estação das chuvas, o desenvolvimento do inseto é reduzido pelo parasitismo e pelas condições climáticas desfavoráveis.
- Após a colheita, algumas larvas do mosquito que escaparam ao parasitismo sobreviverão no crescimento do arroz e noutros hospedeiros.
- A introdução de uma nova cultura que sirva de hospedeiro ao mosquito não permitirá que a população deste inseto volte a proliferar devido a condições climáticas desfavoráveis.
- Por conseguinte, temos de esperar por uma nova estação húmida para assistir a uma recuperação espetacular do desenvolvimento da população de mosquitos.

janeiro fevereiro março abril maio junho julho agosto setembro outubro novembro dezembro
arroz da estação seca arroz da estação das chuvas resíduos de arroz resíduos de arroz arroz selvagem: Oryza longistaminata
Legenda:
Nível populacional elevado
Baixo nível populacional
Fonte : INERA

❖ Ciclo de vida

As fêmeas adultas vivem entre 48 e 78 horas, enquanto os machos vivem apenas entre 23 e 30 horas. O ciclo de vida completo (ovo - ovo) demora entre 24 e 36 dias em condições normais de temperatura e humidade. A fase de ovo dura 4 a 6 dias, a primeira fase larvar 5 a 7 dias, a segunda fase larvar 5 a 7 dias, a terceira fase larvar 6 a 9 dias e a fase de pupa 4 a 7 dias.

Quadro 3: Ciclo de vida de Orseolia aryzivora em diferentes condições de temperatura

Condições	Período de incubação (dia)	1º estádio larvar (dia)	2.º estádio larvar (dia)	3.º estádio larvar (dia)	Fase de pupa (dia)	Duração total (dias)
Normal (24-35oC)	4-6	5-7 /	5-7	6-9 /	4-7 /	24-36
Controlado (23oC)	3	7-9	/	6-8	6-8	23
Vento (16-36oC)	5-6		2-5			25-36

Humidade relativa 85-90

Fonte: Sain (1988), Mohapatra et al (1996)

❖ Ecologia

As plantas de arroz continuam a ser os primeiros refúgios para Orseolia aryzivora, tanto em ecossistemas de arroz de sequeiro como de regadio. Trabalhos recentes mostraram que, na estação seca, certas gramíneas (Leersia hexandra e Echinochloacrus- galli) e o arroz selvagem (Oryza nivara, O. barthii e O. rufipogon) servem de hospedeiros alternativos (Israel et al 1970, Prakasa Rao 1983).

Quadro 4: hospedeiros alternativos de Orseolia aryzivora

Anfitriões	Nível de infeção	Referência
Leersia hexandra Echinochloa crus-galli Arroz selvagem Oryza nivara O. barthii O. rufipogon O. perennis O. glaberrima	a 10 galhas/planta 1,8/planta até 10% de galhas/planta	Natarajan et al (1989) Sain (1988) Israel et al (1963) Hidaka et al (1983) Srivastava (1986)

Ciclo de vida no arroz= 20 a 25 dias; em L. hexandra 25 a 30 dias; em arroz selvagem 25 a 30 dias.

Fonte: Sain (1988), Mohapatra et al (1996)

❖ Postura e incubação

Os ovos postos pela fêmea fecundada apenas um dia após o acasalamento têm uma forma ovoide. A fêmea pode pôr até 125 ovos, que são depositados separadamente na lâmina foliar ou noutras partes da folha. A eclosão ocorre 4 a 6 dias após a postura. Os indivíduos resultantes desta eclosão são todos machos ou fêmeas (Bergh et al 1990). A maioria dos machos eclode num período de 2 a 3 horas ao fim da tarde. 12 a 15 horas mais tarde, os ovos com indivíduos fêmeas eclodem também num período de 2 a 3 horas.

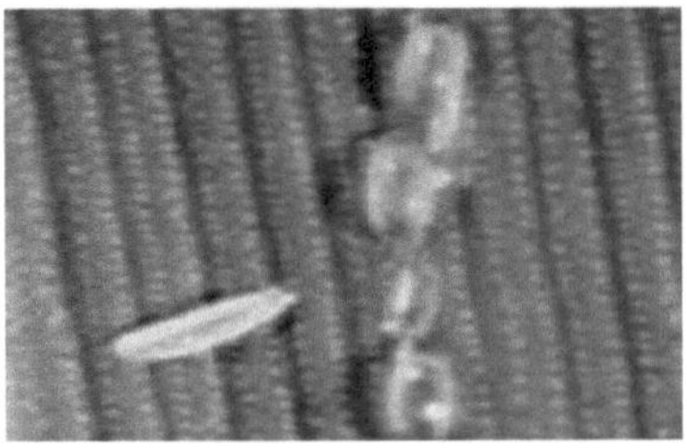

Foto 8: Ovos AfRGM

❖ Larva e pupa de AfRGM

De acordo com Mamaev (1968), as larvas de mosquito têm geralmente dois mecanismos de alimentação: um mecanismo baseado no tipo de alimento (aparecem como sugadoras) e um mecanismo baseado na digestão extra-oral da planta hospedeira (aparecem aqui como secretoras de substâncias) a partir da sua glândula salivar. Utilizam peças bucais especializadas para injetar saliva na planta, deixando a sua marca (Hatchett et al 1990, Grover 1995).

Começam a alimentar-se desde a lâmina foliar até à base da planta. Vivem no interior do caule, o que torna a produção quase impossível. A migração da lâmina foliar para a base do caule, que dura apenas entre 12 e 15 horas, resulta numa elevada taxa de mortalidade (23-57 %) neste último (McColloch e Yuasa 1917).

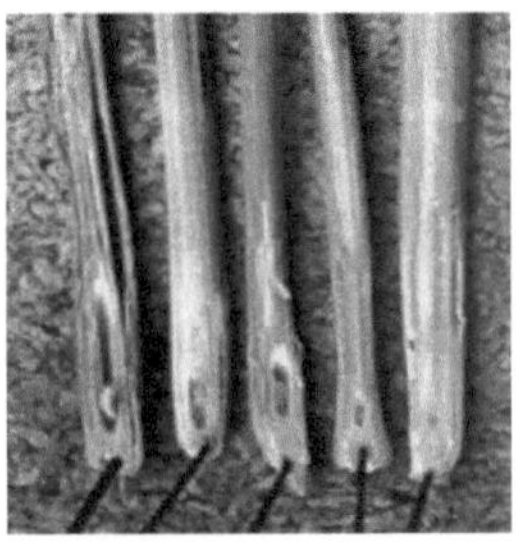

Foto 9: Larvas de AfRGM

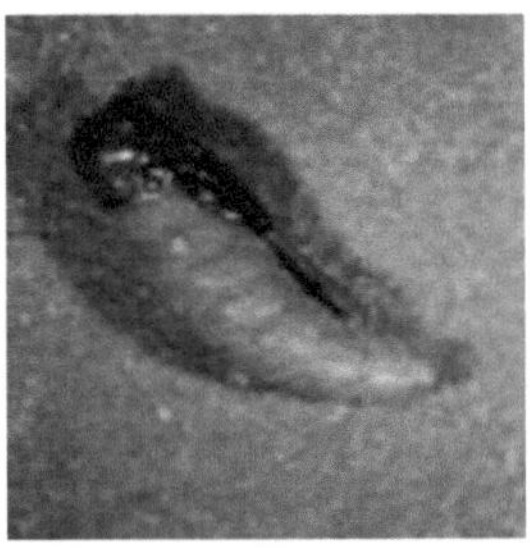

Foto 10 : Pupas de AfRGM no interior de caules

❖ Danos

O local de alimentação da Orseolia oryzivora depende da fase de crescimento da planta. Nas plantas jovens, as larvas deste inseto alimentam-se na base da parte inferior das folhas, infectando-as (aparecimento da galha). Se a infeção for grave, pode levar à morte da planta. As plantas ficam então finas, com folhas ligeiramente brancas e enroladas como as cebolas. Na junção, alimentam-se no interior do caule, a cerca de 0,5 cm acima do nó. Nesta fase, a doença espalha-se rapidamente pelo campo, acabando a planta por ficar magra e anã.

Corações brancos

Foto 11: Coração branco e galha de arroz no campo

Quadro 5: Áreas afectadas pela galha africana do arroz em diferentes países

País	Terra infetada	Referências
Índia	30-70 %	Mathur e Rajamani (1984)
Tailândia		Hidaka et al (1996)
Indonésia	60 %	Hidaka e Budiyanto (1984)
China		Di- yun e Cheng (1996)
RDP do	10 %	Khamhung (1996)
Laos Sri		Kudagamage et al (1988)
Lanka	0,9 milhões de hectares	Hung e Anh (1996)
Vietname		Ukwungwu et al (1989)
África	Ataque de desmame em	
	1993-1994 40	
	2000 - 5000 ha	
	45-80 %	

Fonte : K.C Mathur e K. Krishnaiah

❖ Métodos de controlo

A fase larvar é a fase mais devastadora do ciclo da Orseolia oryzivora. As suas larvas alimentam-se no interior do caule, o que dificulta o controlo químico. No entanto, a utilização de insecticidas sistémicos como o carbofurão dá resultados médios. Atualmente, a única resposta adequada parece ser a utilização de variedades resistentes (IITA Annual Report and Research Update 1987/88). Deve-se notar que o uso de controlo biológico também é possível. Vários investigadores observaram inimigos naturais desta praga: Platygaster spp, que atacam tanto os ovos como as larvas. São os mais abundantes (90%). Temos também Neanastatus sp (Hidaka et al 1974, Prakasa Rao 1983).

Quadro 6: Inimigos naturais mais comuns de Orseolia aryzivora

Inimigos naturais	Fase infetada
Parasitóides Platygaster oryzae P. foersteri Neanastatus grallarius Obtusiclava (Propicroscytus) oryzae Eurytoma sp Predadores Ophionea indica Paederus fuscipes Amblyseius imbricatus	Ovo/larva Ovo/larva Pupa Larva/pupa Larva/pupa Pupe Pupe ovo

Fonte: Sain (1988), Mohapatra et al (1996)

Ciclo anual dos parasitóides de Orseolia oryzivora

janeiro fevereiro março abril maio junho julho agosto setembro outubro novembro dezembro

arroz da estação das chuvas arroz selvagem: Oryza longistaminata

Legenda:

Nível elevado da população de parasitóides AfRGM

Nível médio da população de parasitóides AfRGM

Baixo nível populacional de parasitóides AfRGM

Fonte : INERA

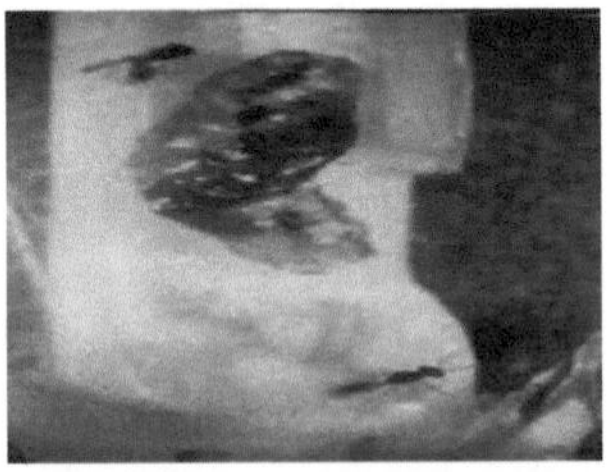

Foto 12: Platygaster sp

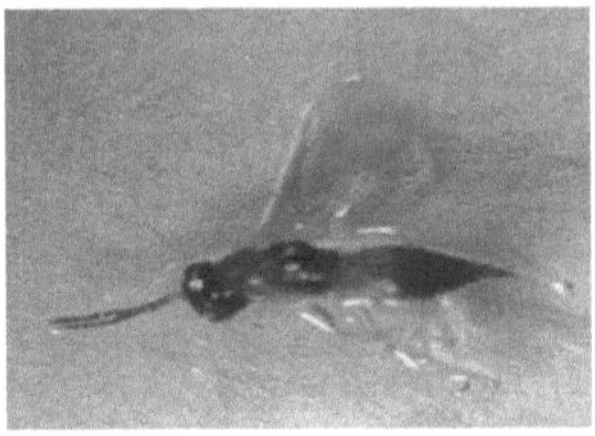

Foto 13: Aprostocetus sp

Parasitóides de ovos Parasitóides de pupas

2.3. Ordens de Hemiptera

2.3.1. Hemípteros que picam as folhas Famílias: Cicadellidae, Pentatomidae Danos

Os hemípteros (afídeos e cicadelídeos), tal como os heterópteros (pentatomídeos), têm um efeito sobre as plantas através da toxicidade da sua saliva, com o consequente enfraquecimento da planta, e da sua capacidade de causar doenças. amostras de seiva e, por último, pela possível inoculação de várias doenças (vírus, micoplasmas, bactérias) através de punções (Bourgoin et al., 2004). Os Cicadellidae e Pentatomidae atacam principalmente órgãos vegetativos. Quando ocorrem em grande número, os ferrões dos Hemiptera fazem com que a folhagem seque e fique coberta de pequenas manchas castanhas (Swzedo et al., 2004). Na Ásia, a importância económica destas pragas aumentou consideravelmente na última década. Os hemípteros Nephotettix nigropictus (Foto 14) e Nilaparvata lugens Stal (Foto 15) foram reconhecidos como vectores de vírus graves: "Tungro", "Yellow dwarf" e "Grassy Stunt Virus", que parecem estar a propagar-se com o desenvolvimento de variedades altamente produtivas e de crescimento alto (Swzedo et al., 2004). Atualmente, não há necessidade de combater as cigarrinhas em África. O problema só assumiria uma dimensão económica se os vírus asiáticos conseguissem estabelecer-se. A luta química contra os vectores é apenas uma solução transitória de eficácia duvidosa a longo prazo (aparecimento de estirpes resistentes aos insecticidas) (Sampong et al., 1979).

Foto 14: Nephotettix nigropictus (fonte: SADOU I., 2019)

Foto 15: Nilaparvata lugens Stal (fonte: SADOU I., 2019)

2.3.2. Batedores de grãos

Família: Pentatomídeos

- Scotinophara spp (Foto: 16)

Foto 16: Scotinophara spp (fonte: SADOU I., 2019)

Família: Coreídeos

- Leptocorisa spp. (Foto: 17)

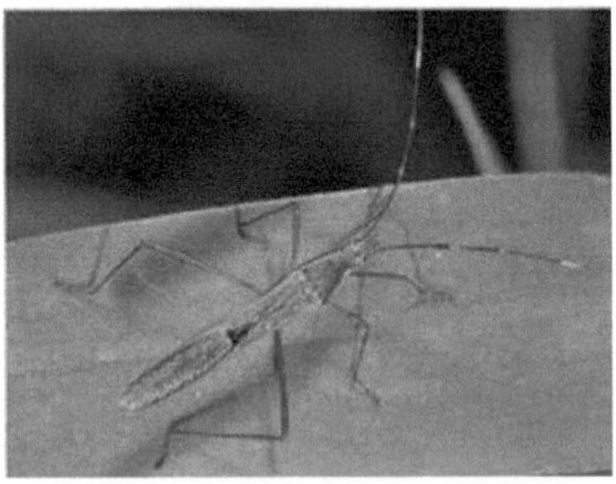

Foto 17: Leptocorisa spp. (Fonte: SADOU I., 2019)

- Stenocoris spp. (Foto: 18)

Foto 18: Stenocoris spp. (Fonte: SADOU I., 2019)

- Mirperus spp. (Foto: 19)

Foto 197: Mirperus spp. (Fonte: SADOU I., 2019)

- Oulema oryza (Foto: 20)

Foto 20: Oulema oryza (Fonte: SADOU I., 2019) Danos :

O grão pode esvaziar-se total ou parcialmente. Em raras ocasiões, podem ocorrer grandes surtos de escaravelhos pentatomídeos, que se concentram em campos de arroz isolados e causam perdas muito significativas. Por outro lado, a qualidade é afetada pela presença de grãos que, após a moagem e o branqueamento, apresentam manchas negras mais ou menos extensas. Este defeito não pode ser eliminado por triagem, e mesmo uma pequena proporção de grãos pretos reduz seriamente o valor comercial do arroz. Como a venda de arroz em casca ao nível da produção não tem geralmente em conta a qualidade, estes parasitas não são controlados. No entanto, o inseto é fácil de destruir com a maior parte dos insecticidas actuais. Podemos supor que só um grande grupo de produtores de arroz, bem organizado para uma cultura intensiva de arroz de qualidade, poderia atuar no momento certo e ao preço certo.

3. AGRUPAMENTO DOS INSECTOS PRAGAS DO ARROZ EM FUNÇÃO DOS SEUS DANOS OU ATAQUES ÀS PLANTAS

A diversidade das suas peças bucais, as suas dietas e a sua capacidade de adaptação a quase todos os ambientes fazem dos insectos as mais formidáveis e devastadoras de todas as pragas das culturas (Dakouo et al., 2012). A cultura do arroz enfrenta, portanto, uma série de problemas causados por insectos pragas, que afectam quase todas as partes da planta desde o início até ao fim do ciclo de produção.Segundo Bacye (2016), foram inventariadas cerca de 4098 espécies de insectos pragas só para a cultura do arroz. A maioria destes insectos pragas são Lepidoptera, Diptera, Coleoptera e Hemiptera, e alguns deles são mastigadores, mastigadores-lambadores, sugadores e outros são sugadores mordedores. De acordo com Akinsola et al (2014), dependendo dos seus danos ou ataques às plantas, podem ser agrupados em cinco grupos principais que são:

- Brocas do caule ;
- Desfolhadores ;
- Morder e chupar ;
- Os cortadores de raízes ;
- Pragas das existências.

3.1. Brocas de haste

De acordo com Akinsola et al (2014), existem cerca de cinquenta espécies divididas em duas ordens: Lepidoptera e Diptera. As espécies mais importantes da ordem Lepidoptera são: Chilo spp, Maliarpha separatella, Sesamia calamistis, Nymphula depunctalis, Eldana saccharina, Scirpophaga spp. A ordem Diptera inclui Diopsis spp e Orseolia oryzivora. Esta última espécie provoca o mosquito do arroz. As brocas do caule são as pragas mais importantes, infestando as plantas de arroz desde a fase de plântula até à maturidade. Existem dois tipos principais de danos (Defoer et al., 2004): Danos causados às plantas jovens no início e durante o perfilhamento. Os danos causados nas plantas jovens no início e durante o perfilhamento. Aqui, as lagartas penetram nas bainhas das folhas e na base do caule jovem; os danos podem levar à morte do caule. As lagartas jovens (sobretudo as da ^{segunda} geração) juntam-se alguns centímetros abaixo da panícula, no interior do pedúnculo. Esta seca completamente, deixando uma panícula totalmente branca ou seca. Para além destes dois casos bem visíveis, qualquer dano no caule é igualmente prejudicial. Quando o inseto ataca uma planta em estado avançado de desenvolvimento, a lagarta velha aloja-se na parte inferior do caule e pode reduzir ou interromper a alimentação da panícula. Os danos provocam a secagem de um ou mais ramos, o que leva a uma redução do número de grãos colhíveis. Para estes ataques de brocas do caule, as ordens de Lepidoptera (Sesamia sp...) e Diptera (Diopsis thoracica West...) são as mais representadas (Wopereis et al., 2008).

Foto 21: Nymphula depunctalis (Fonte: SADOU I., 2019)

Foto 22: Eldana saccharina (Fonte: SADOU I., 2019)

Foto 23: Scirpophaga spp. (Fonte: SADOU I., 2019)

3.2. Desfolhadores

Segundo Betbeder (2012), os danos causados pelos destruidores de folhas consistem geralmente na remoção de fragmentos das pontas das folhas. Noutros casos, as folhas podem ser completamente cortadas. Estes danos têm frequentemente pouca importância económica quando a planta está suficientemente desenvolvida. No entanto, no início da cultura e até ao meio do perfilhamento, as infestações podem afetar uma grande parte da planta, levando a uma destruição irreparável (Wopereis et al., 2008). A ordem mais comumente encontrada neste tipo de ataque é Coleoptera e Orthoptera, enquanto Lepidoptera inclui Nymphula depunctalis, que é a espécie mais comum para este tipo de ataque (Betbeder, 2012). Trata-se de uma pequena borboleta branca, medindo 10 a 12 mm, que deposita os seus ovos em filas apertadas ao longo das folhas. Assim que nasce, a larva sobe numa folha e corta-a, deixando uma aba que serve de fixação (Betbeder, 2012). O fragmento de folha enrola-se mas não incha e fecha-se com algumas películas de seda, acaba de cortar o resto do fragmento de folha, depois cai na água. Nada em direção a um pé de arroz, no qual trepa e se alimenta. Isto permite-lhes deslocar-se facilmente de um talo para outro. A secagem durante pelo menos três dias é um meio de luta eficaz. Outras espécies desfolhadoras incluem : Cnaphalocrocis medinalis (Foto 24), Marasmia trapezalis (Foto 25), Diacrisia scortilla (Foto 26), Parnara spp (Foto 27) (Heinrichs et al., 2004).

Foto 24: Cnaphalocrocis medinalis (Fonte: SADOU I., 2019)

Foto 25: Marasmia trapezalis (Fonte: SADOU I., 2019)

Foto 25: Diacrisia scortilla (Fonte: SADOU I., 2019)

Foto 26: Parnara spp. (Fonte: SADOU I., 2019)

3.3. Apanhar e chupar

Os insectos mordedores e sugadores podem atacar as folhas, os caules ou as sementes (Breniere, 2013). São por vezes numerosos e podem causar danos importantes em caso de surto importante. Esta categoria inclui insectos, moscas brancas, pulgões, Cicadellidae e ácaros, que causam danos principalmente durante a fase de maturação, nas fases leitosa e pastosa. A ordem mais representada neste grupo é a dos Hemiptera (Wopereis et al., 2008).

3.4. Cortadores de raízes

Os cortadores de raízes são insectos, a maioria dos quais se desenvolve parcial ou totalmente no solo (Breniere, 2013). Alguns são encontrados exclusivamente em terras baixas Outros ocorrem apenas em condições de planalto (Wopereis et al., 2008).

- **A traça do arroz**

Estes insectos pertencem à mesma ordem que os gafanhotos (Breniere, 2013). Embora estejam presentes em todos os ecossistemas, os grilos são mais abundantes nas terras altas e os seus danos são maiores nas bordas dos campos.

- **Térmitas**

Podem ser encontradas tanto em zonas baixas como em planaltos (Betbeder, 2012). A sua presença é sempre favorecida pela ausência de água. É por isso que a inundação dos terrenos é a melhor forma de combater estes insectos. Alimentam-se das raízes e das partes subterrâneas da planta, provocando o amarelecimento e a secura das folhas. As espécies mais frequentes nos arrozais são a Microtermes, a Macrotermes e a Trinervitermes spp (Betbeder, 2012).

- **Gorgulho da água**

Este inseto vive exclusivamente nos baixios e nas águas lamacentas dos arrozais. A larva é a fase nociva que se alimenta exclusivamente de raízes de arroz (Betbeder, 2012).

3.5. Pragas dos animais

O arroz armazenado é atacado por uma vasta gama de insectos cuja identidade e ciclo diferem dos encontrados no campo (Sawadogo, 2017). A maioria destes insectos são polífagos e atacam não só o arroz mas também outros grãos armazenados. Os insectos de grãos armazenados dividem-se em dois grupos, dependendo do modo de infestação. Alguns começam a atacar as culturas no campo e são introduzidos no celeiro ou na loja durante a colheita. É o caso dos gorgulhos e das alucites. Outros só atacam durante o armazenamento; vêm do interior ou do exterior do armazém (Heinrichs et al., 2004).

4. FACTORES AMBIENTAIS FAVORÁVEIS AO DESENVOLVIMENTO DE PRAGAS DE INSECTOS

Os factores bióticos, como os entomófagos e os entomopatogénicos, e os factores abióticos, como a chuva, a humidade relativa e a temperatura, exercem efeitos reguladores sobre as populações de insectos-praga (Dakouo et al., 2018).

4.1. Factores abióticos

Vários factores ecológicos que favorecem o desenvolvimento da planta de arroz beneficiam grandemente as pragas de insectos (Maes, 2016). A temperatura, a precipitação e a humidade relativa são factores que podem afetar a distribuição, o desenvolvimento, a sobrevivência, o comportamento, a reprodução e a dinâmica dos insectos pragas do arroz. Segundo a ADRAO (2010), uma temperatura de 25°C, humidade de 70 a 75% e um fotoperíodo de 18 horas durante o dia e 6 horas à noite favorecem a proliferação de insectos. Chuvas abundantes e temperaturas entre 25 e 30°C são favoráveis ao desenvolvimento do mosquito do arroz (Shin Foon citado por Nacro, 2017). Biswas et al (2017) referem que o stress hídrico afecta o vigor das plantas, que se tornam susceptíveis ao ataque de insectos. A atividade dos insectos pode ser influenciada por certas práticas de cultivo. Por exemplo, espaçamentos muito próximos e altas doses de nitrogénio (Soraja et al., 2016), irrigação periódica (Rao, 2015) e sementeira precoce ou tardia aumentam a incidência de ataques de mosquitos (Rai et al., 2013). As associações de culturas no sorgo (sorgo-cogumelo) reduzem os danos causados pelas pragas às culturas (Zongo et al., 2016). Savary et al (2017) estabelecem uma relação entre práticas de cultivo, ataques de insectos e reduções de rendimento.

4.2. Factores bióticos

As plantas hospedeiras e os inimigos naturais são factores que influenciam a dinâmica das populações de insectos (Rai et al., 2013). Foram registados dois parasitoides, Platygaster diplosisae Risbec e Aptostocetus procera, associados à explosão do arroz africano (Dakouo et al., 2018; Nacro, 2017). Foram registadas taxas cumulativas de parasitismo de 70% destes dois parasitoides.

Foto 27: Platygaster diplosisae Risbec (Fonte: SADOU I., 2019)

Foto 28: Aptostocetus procera (Fonte: SADOU I., 2019)

5. MÉTODOS DE CONTROLO DE INSECTOS PRAGAS DO ARROZ

Atualmente, existem vários métodos de controlo que permitem um melhor controlo dos insectos pragas do arroz (IRRI, 2015).

5.1. Os inimigos naturais dos insectos

Os inimigos naturais dos insectos são os entomófagos, organismos que se alimentam de insectos. Os insectos entomófagos incluem os parasitóides, que se desenvolvem no interior ou sobre o seu hospedeiro, acabando por matá-lo, e os predadores, que perseguem a sua presa ou a capturam por perseguição ou armadilha (Cloutier, 2012).

5.1.1. Parasitóides

Um parasitoide pode ser definido como: "um organismo que se desenvolve sobre ou em outro organismo, seu hospedeiro, deriva seu sustento dele e o mata como resultado direto ou indireto de seu desenvolvimento" (Boivin, 2018).De acordo com essa definição, os parasitoides podem ser insetos, nematoides, fungos, bactérias, protistas e vírus (Eggleton et al., 2016). No entanto, a maioria dos parasitoides conhecidos são insetos (Boivin, 2016).As 87.000 espécies de insetos parasitoides listadas estão divididas em seis ordens: Hymenoptera (67.000), Diptera (15,), Coleoptera (4.000), Neuroptera (50), Lepidoptera(10) e Trichoptera (1) (Boivin, 2016, 2018). As duas principais ordens em que se encontram os parasitoides utilizados na luta biológica são os Hymenoptera e os Diptera (Byers, et al., 2015). As famílias de Hymenoptera mais utilizadas na luta biológica são os Braconidae, Ichneumonidae, Eulophidae, Pteromalidae, Encyrtidae e Aphelinidae. Os dípteros são representados principalmente pela família Tachinidae (van Driesche et al., 2016).

5.1.1.1. Insectos parasitóides hospedeiros

A impressionante diversidade dos insectos parasitóides reflecte-se, entre outras coisas, na sua grande variedade de hospedeiros (Vinson, 2014). Embora a maioria dos parasitóides ataque insectos, algumas espécies de parasitóides, especialmente dípteros, escolhem aranhas, chilópodes e até vertebrados como hospedeiros (Boivin, 2016).

Além disso, os parasitóides podem ser encontrados em todas as fases de desenvolvimento dos insectos: ovo, larva, pupa e adulto. Algumas espécies podem mesmo parasitar um estádio de desenvolvimento e emergir no estádio seguinte. Por exemplo, Holcothorax testaceipes é um himenóptero da família Encyrtidae que deposita os seus ovos nos de Gracillariidae (um lepidóptero), desenvolve-se no ovo e na lagarta e, finalmente, emerge desta última (van Driesche et al., 2016). Geralmente, não há diferenças entre os hospedeiros utilizados para o desenvolvimento de parasitoides machos e fêmeas (Boivin, 2016). No entanto, nos parasitoides heterónomos, representados principalmente pela família Aphelinidae, os machos e as fêmeas desenvolvem-se de forma diferente (Strand, 2016).

De facto, em algumas espécies, os machos e as fêmeas podem desenvolver-se a partir da mesma espécie, mas os primeiros (ectoparasitóides) desenvolvem-se sobre o hospedeiro enquanto os segundos (endoparasitóides) se desenvolvem no interior do hospedeiro (Strand, 2016).Noutras espécies, as fêmeas são parasitóides do hospedeiro primário (normalmente um herbívoro), mas os machos são parasitóides dos ovos das fêmeas da sua própria espécie ou de outra espécie de parasitoide (hospedeiro secundário) (Strand, 2016).

Este fenómeno é frequentemente designado por adelphoparasitismo. Finalmente, em alguns casos, tanto os machos como as fêmeas são parasitóides primários, mas o hospedeiro dos machos é uma espécie diferente da das fêmeas (Godfray, 2014).

A adaptação particular das espécies com adelphoparasitismo torna a sua utilização no controlo biológico mais restritiva. Nestas espécies, como Coccophagoides similis e C. utilis, as fêmeas não acasaladas produzem apenas machos, enquanto as fêmeas acasaladas produzem tanto fêmeas como machos (Strand, 2016).

Assim, como os machos destas espécies parasitam os ovos das fêmeas, as fêmeas não acasaladas devem ser libertadas após as fêmeas acasaladas. Desta forma, é possível controlar o auto-parasitismo e a produção de machos nestas espécies (Sullivan 2017).

5.1.1.2. Reprodução dos parasitóides

Geralmente, os insectos parasitóides depositam os seus ovos dentro ou fora do hospedeiro (Jones et al., 2014). No primeiro caso, são chamados de endoparasitóides e, no segundo, de ectoparasitóides.

Para se desenvolverem no interior do corpo do seu hospedeiro, os endoparasitóides têm de lidar com as defesas imunitárias do hospedeiro (Hassell et al., 2016).

Quando parasitadas, várias espécies segregam hemócitos que encapsulam o ovo do parasitoide e impedem o seu desenvolvimento. Algumas espécies de endoparasitóides evitam o encapsulamento, quer depositando os seus ovos num local protegido dos hemócitos do hospedeiro, quer transmitindo um vírus que afecta o sistema imunitário do hospedeiro durante a oviposição (Greathead, 2016).

Ao depositarem os seus ovos fora do hospedeiro, os ectoparasitóides têm a vantagem de evitar as defesas imunitárias do hospedeiro, mas são mais susceptíveis de serem feridos ou deslocados. Para ultrapassar estas desvantagens, muitos ectoparasitóides injectam um veneno que paralisa parcial ou totalmente o hospedeiro (Strand 1986).

Outras espécies depositam os seus ovos no ambiente circundante, caso em que é a larva que tem de encontrar o seu hospedeiro (Cloutier et al., 2012). Por exemplo, as fêmeas de Aleochara bilineata, um escaravelho da família Staphylinidae, põem os seus ovos no solo, perto da planta hospedeira. Uma vez emergidas, as larvas de primeiro instar procuram e parasitam as pupas de certas espécies de Diptera.

Sendo simultaneamente um parasitoide (larva) e um predador (adulto), A. bilineata ajuda a estabilizar as populações de Delia radicum, uma praga importante das culturas crucíferas

(Royer et al., 2018).

De facto, o D. radicum é controlado não só por larvas de A. bilineata, mas também por adultos, que consomem grandes quantidades de ovos e larvas de moscas. Um adulto pode consumir até 23,8 ovos ou larvas de mosca por dia (Royer et al., 2018).

5.1.1.3. Hiperparasitóides

Para além dos insecticidas, dos predadores e dos microrganismos patogénicos, os parasitóides têm de enfrentar durante a sua curta vida (Sullivan, 2017). Os parasitóides estão eles próprios sujeitos ao parasitismo de outros parasitóides (Boivin, 2016).

Estes são conhecidos como hiperparasitoides ou parasitoides secundários. O hiperparasitismo foi encontrado em 17 Hymenoptera e em alguns casos em Diptera e Coleoptera (Sullivan, 2017).

Existem duas categorias de hiperparasitóides: obrigatórios e facultativos. No primeiro caso, os hiperparasitóides desenvolvem-se unicamente dentro ou sobre um parasitoide, enquanto no segundo, os hiperparasitóides desenvolvem-se a partir de um parasitoide. hospedeiro primário, geralmente um herbívoro, ou um parasitoide que ataca este herbívoro (Sullivan, 2017). Neste último caso, a escolha entre o hospedeiro primário ou secundário dependerá da saúde do hospedeiro e do facto de este já estar ou não parasitado (Jones et al., 2014).

Por exemplo, o hiperparasitoide Pachycrepoides vindemiae é um parasitoide de várias espécies de Drosophila. Estas últimas podem ser parasitadas por outras espécies de parasitoides, como Asobara tabida e Leptopilina heterotoma (Hassell et al., 2016).

Quando P. vindemiae encontra uma Drosophila já parasitada por outra espécie, pode colocar ovos e desenvolver-se como um hiperparasitóide facultativo dos jovens parasitóides já existentes no hospedeiro original (Godfray, 2014).

A escolha de parasitar ou não depende do estágio de desenvolvimento dos parasitoides imaturos. Se o hospedeiro primário não for parasitado, ele depositará ovos nele e as larvas desenvolver-se-ão como parasitóides primários (Godfray, 2014).

Existem algumas espécies conhecidas de parasitóides que são conhecidas como parasitóides terciários, ou seja, atacam hiperparasitóides (Hassell et al., 2016). Dado o papel prejudicial que os hiperparasitóides podem desempenhar nas populações de parasitóides benéficos, são geralmente tomadas precauções para evitar a introdução de hiperparasitóides dos parasitóides que vão ser introduzidos num programa de controlo biológico (Sullivan, 2017).

5.1.2. Predadores

Dada a sua natureza mais generalista, os predadores de insectos têm uma variedade taxonómica muito maior do que os parasitóides (Holling, 2016). No entanto, os artrópodes agrupam os predadores entomófagos mais interessantes, particularmente as espécies de insetos polífagos (Sunderland et al., 1983). Os predadores actuam de uma forma simples e direta: a presa é capturada e geralmente eliminada sem demora (Jackson, 2016). Um predador pode eliminar várias presas durante a sua vida, sendo a sua voracidade um indicador útil do seu potencial de repressão (Holling, 2016). Além disso, a predação requer menos especialização do que o parasitismo, resultando numa menor especificidade do que no caso dos parasitoides (Holling, 2016). Um predador polífago usa várias espécies de presas e a importância de cada uma varia de acordo com a sua disponibilidade relativa (Jackson, 2016). No entanto, nenhum predador generalista é universal, com todos mostrando preferências ou habilidades claras em relação a certos tipos, tamanhos ou conjuntos de presas ecológicas semelhantes (Hanski et al., 2017). A maioria dos predadores persegue ativamente as suas presas e captura-as (Coccinellidae, predadores de vários Hemiptera) ou saltando (aranhas predadoras não especializadas) (Holling, 2015).

5.1.2.1. O conceito de estratégia de predação

A quantidade de alimento de que um predador se pode apropriar, digerir e converter em energia é limitada, quer pela abundância de presas, quer pela sua acessibilidade, quer pelo tempo necessário para as capturar e assimilar (Abrams, 2017). O organismo deve ser capaz de afetar os recursos limitados de alimento e energia ao seu crescimento, manutenção, luta contra os seus inimigos e reprodução (Dawkins et al., 2016).

Uma estratégia de predação deve, por conseguinte, ser capaz de responder às seguintes questões: (Holling, 2015):

- De que presas está à procura?

- Onde e quando comer?

- Como capturar as presas de forma eficaz (compromisso entre o esforço de captura e o valor nutricional das presas).

Assim, os predadores tendem a otimizar as suas estratégias para tirar o máximo partido das presas que caçam. A seleção natural favorece assim, entre as várias estratégias possíveis, aquela que dá à população de predadores a melhor aptidão possível (valor seletivo) (Tirard, 2012).

Esta solução, designada por estratégia óptima, dos constrangimentos que pesam sobre o predador, tais como a acessibilidade da presa, a sua capturabilidade e as defesas anti-predação que a presa possui (estratégias de fuga para melhor escapar ao predador, auto-preservação, etc.).

5.1.2.2. Diferentes estratégias de predação

Os predadores têm dietas diferentes (Jackson, 2016). De facto, algumas espécies de predadores podem ser polifágicas, ou seja, ter uma dieta muito variada (Curio, 2012). Outras podem ser oligófagas, ou seja, consumir apenas uma pequena variedade de alimentos. Outros podem ser monófagos, ou seja, alimentam-se exclusivamente de uma única espécie de presa. Existem diferentes estratégias de predação.

5.2. Métodos de luta contra as pragas de insectos através de práticas de cultivo

Trata-se de práticas de cultivo que impedem a multiplicação de insectos nocivos e, ao mesmo tempo, favorecem o arroz. As práticas culturais mais importantes são :

- A destruição dos cepos de arroz e dos resíduos da colheita, onde as larvas e/ou ninfas podem sobreviver de uma estação para a outra;
- Respeitar e sincronizar o calendário das culturas para evitar a proliferação de insectos;
- A utilização de sementes sãs ou tratadas ;
- Cultivo e destruição de sítios de infeção primária ou de plantas hospedeiras (infestantes);
- Rotação de culturas sempre que possível para quebrar o ciclo dos insectos e evitar a sua proliferação;
- Culturas combinadas ou intercaladas para limitar a propagação de insectos vegetais.

5.2.1. O método biológico geral

De acordo com Wopereis et al (2008), o objetivo é limitar a densidade de pragas através da ação de inimigos naturais, tais como predadores, parasitas ou agentes patogénicos. Podem distinguir-se duas estratégias: conservação e aumento dos inimigos naturais. A conservação significa simplesmente não destruir os inimigos naturais através de práticas culturais ou outras intervenções, como o controlo químico. O aumento, por outro lado, consiste em aumentar artificialmente a quantidade de inimigos naturais no ambiente. Isto envolve a criação e libertação de inimigos naturais, o que é muito raro em África. O que é utilizado é a conservação natural, que leva a um aumento natural.

Um exemplo típico são os dois parasitóides do mosquito. Os agricultores devem ser encorajados a manter Paspalum scrobiculatum à volta dos seus campos, uma vez que é o local preferido para a reprodução destes dois parasitas. Quanto mais esta planta é produzida, mais as populações de inimigos naturais aumentam em torno do campo, o que naturalmente leva a uma queda nas populações de mosquitos (Nacro, 2017).

Além disso, está provado que, após a monda, se os resíduos de erva se amontoarem à volta dos caules do arroz, tal conduz a um aumento das populações de aranhas, que aí se escondem durante o dia e caçam as brocas do caule durante a noite (Johnson, 2017).

Estes diferentes métodos são conhecidos como métodos de conservação e de aumento. Vários tipos de práticas de cultivo são, portanto, métodos de conservação no controlo biológico.

Podem ser consideradas outras soluções de controlo biológico, nomeadamente a utilização promissora de atractivos sexuais altamente específicos (feromonas) que, uma vez sintetizados, poderiam contribuir para a destruição de pragas através de armadilhas ou em combinação com um inseticida (Hari, 2017).

Este processo está a começar a ser desenvolvido no caso de certos lepidópteros das culturas frutícolas. As feromonas de Chilo suppressalis e Chilo zacconius são conhecidas e os componentes sintéticos estão atualmente a ser testados (Toure, 2017).

Estes "produtos" têm um futuro promissor, nomeadamente no domínio da "previsão".

"Isto porque os atractivos sexuais podem ser usados para detetar populações muito baixas de insectos, particularmente no início dos surtos. No entanto, as feromonas não estão atualmente disponíveis em África.

O controlo biológico tem a vantagem de ser pouco perigoso para a saúde ou para o ambiente. No entanto, a gestão deste tipo de controlo é muitas vezes relativamente complexa e exige investimentos substanciais e um certo nível de conhecimentos técnicos.

5.2.2. O método genético

Este método de controlo consiste na utilização de variedades tolerantes; é geralmente pouco dispendioso para os agricultores e não é muito prejudicial para o ambiente.

As variedades podem ser distinguidas de acordo com a sua resistência e classificadas como de baixa, média e alta resistência (Hari, 2017). Existem dois tipos de resistência genética: a resistência vertical, que é a resistência das variedades contra certos insectos, e a resistência horizontal, que é a resistência contra a maioria dos insectos.

5.2.3. O método integrado

Este método de controlo implica a utilização de variedades tolerantes (IRRI, 2015). É geralmente pouco dispendioso para os agricultores e não é muito prejudicial para o ambiente.

As variedades podem ser distinguidas de acordo com a sua resistência e classificadas como de baixa, média e alta resistência (Hari, 2017). Existem dois tipos de resistência genética: a resistência vertical, que é a resistência das variedades contra certos insectos, e a resistência horizontal, que é a resistência contra a maioria dos insectos.

5.2.4. O método químico

O controlo químico com insecticidas tem a vantagem de ser geralmente bastante eficaz, matando o inseto num curto espaço de tempo (Insah, 2017). Além disso, os insecticidas estão muitas vezes amplamente disponíveis nas lojas. No entanto, a utilização de insecticidas é bastante dispendiosa e apresenta limitações técnicas.

As pulverizações líquidas não são muito precisas e são menos eficazes do que os tratamentos granulares, que têm a vantagem de poderem ser aplicados à mão ou com equipamento pouco dispendioso. Alguns agricultores utilizam furadan para evitar a proliferação de brocas do caule.

Existe um perigo associado à utilização frequente de insecticidas porque alguns insectos têm a capacidade de se adaptar aos insecticidas e, assim, tornam-se resistentes (Insah, 2017). Além disso, a maioria dos insecticidas não é específica e mata tanto os insectos nocivos como os benéficos. A utilização de insecticidas representa, portanto, um grande perigo para o ecossistema e para o ambiente, pelo que esta alternativa só deve ser aplicada como último recurso, depois de todas as outras opções existentes terem sido consideradas (FAO, 2018).

CONCLUSÃO

As pragas de insectos do arroz constituem uma ameaça muito grave para a produção de arroz (irrigado e de sequeiro) na região do Extremo Norte dos Camarões e causam perdas de rendimento. Os estudos permitiram fazer um inventário dos insectos pragas do arroz nos ecossistemas orizícolas da região do Extremo Norte. Estes inventários permitiram listar várias espécies de insectos da ordem dos Hemiptera, Diptera, Coleoptera, Lepidoptera, Hymenoptera, Odonata, Orthoptera, e também da ordem Araneae, que são nativos destes ecossistemas. Os insectos que causam mais danos são Maliarpha separatella, Sesamia calamistis pertencentes à ordem Lepidoptera, e Diopsis sp que é um Diptera. Maliarpha separatella e Sesamia calamistis são cortadores na fase larvar (lagarta); as suas larvas e Diopsis sp são brocas do caule que causaram danos estimados em 23,68% na cultura, resultando numa queda de rendimento. A ordem mais representada é a dos Dípteros com Physiphora clausa F, Culex robinotus, Glyphodera mantis, Diopsis sp, Microdon jahanna, Paragus dolichorus e Allongrata nasuta Macqueat e a ordem menos representada é a dos Hymenoptera com Bracon sp, Apanteles ruferierus. Também se pode observar que a variedade de arroz de sequeiro NERICA 3 é muito mais favorecida (atacada) por insectos do que a variedade de arroz de regadio IR 46. Para além da presença de insectos pragas do arroz, foram identificadas várias espécies de inimigos naturais, nomeadamente predadores e parasitóides. Os predadores são muito mais numerosos na fase adulta. No entanto, é de notar que as aranhas são os predadores mais importantes, pelo que os inimigos naturais ajudam a controlar outros insectos pragas. Entre os inimigos naturais, as espécies predadoras Tetragnatha juculator (Araneae: Tetragnatidae) e Lestes spp (Odonata: Lestidae) estão presentes em todos os estádios fenológicos. A presença destes predadores é de grande importância e ajuda muito na regulação natural das populações de insectos pragas e doenças (vectores).As perdas causadas por insectos pragas na cultura do arroz foram de 49,98%. Estes resultados mostram a importância do controlo das pragas no aumento da produção. Mas é de notar que, para além das perdas causadas pelos insectos pragas, as aves granívoras, as doenças e alguns roedores também causam danos ao arroz.

REFERÊNCIAS BIBLIOGRÁFICAS

Abdoul A., Hughes J. & Diallo A. (2001). Mancha amarela no arroz. Importância económica, diagnóstico e estratégias de gestão. WARDA Proceedings 1: 250 - 251.

Abdoulaye s, Abou, Togola, & Ali, Toure. 2013. Proposition pour une optimisation des performances a la riziculture en Afrique de l'ouest Senegal: 34pp.

Abo M. E., Alegbejo M. D., Sy A. A. & Sere Y. (2004). Retenção e transmissão do Rice yellow mottle virus (RYMV) por besouros vectores na Costa do Marfim. Revue de l'Association ivoirienne des sciences agronomiques 16 : 71 - 76.

Abrams P. A. (2017). A evolução das interações predador-presa: teoria e evidência, Revisão Anual de Ecologia e Sistemática, pp. 2-4.

Adégbidi, A. (1994). Cours de gestion des exploitations agricoles. FSA/UNB; p81.

Adégbidi, A. (2018). Determinantes socioeconómicos da adoção de novas tecnologias: O caso do milho no departamento de Atacora, na República do Benim. Tese de doutoramento de pós-graduação em economia (economia rural), CIRES, Universidade da Costa do Marfim, Abidjan, 169p.

Adégbola, P. e Midingoyi, S. (2004). Efficacité technico-économique des agriculteurs et rizicultrices du Centre-Benin. Comunicação apresentada no seminário científico NATIONAL 2004.

Adégbola, P. & Sodjinou, E. (2017). Estudo do sector do arroz no Benim. Relatório final; p 231. ADRAO. (1990). Relatório anual da ADRAO, 1990. 1: 2-36.

WARDA. (2000). Destaques das actividades. Relatório anual da WARDA, 2000. 1 : 1-12.

WARDA. (2010). Insectos pragas do arroz na África Ocidental WARDA, Bouaké (Côte - d'Ivoire). 73 p

WARDA. (2014). A variedade de arroz NERICA como fonte de vida na África Ocidental. Bouaké, Costa do Marfim: 64pp.

WARDA. (2016). Relatório anual. WARDA, Bouaké (Côte - d'Ivoire). 59 p. WARDA. (2017). Novo Arroz para África. www.warda.org.

Agarwal P. C., Mortensen N. C. & Mathur B. S. (1994). Doenças do arroz transmitidas por sementes e testes fitossanitários. WARDA. 80 p.

Ahoyo, R.N.A. (2018). Economia dos sistemas de produção que integram a cultura do arroz no sul do Benim: potencialidades, constrangimentos e perspetivas. Tese de doutoramento, Peter Lang, 270 páginas.

Akinsola E. & Agyen - Sampong M. (2014). A ecologia, bionomia e controlo do caule do arroz

- na África Ocidental. Insectos Sei Applic. 5 (2): 69 - 77.

Akol A.M., Sithanantham S., Njagi P.G.N., Varela A., e Mueke J.M. (2002). Segurança relativa de pulverizações de dois insecticidas de neem para Diadegma mollipla (Holmgren), um parasitoide da traça-das-crucíferas: efeitos na longevidade dos adultos e comportamento de forrageamento. Crop Protect, 21:853- 859.

Aminatou B. (2009). Inventário de fitoinseticidas para a proteção dos grãos em curso de armazenagem contra os devoradores na zona sahélienne (caso do Extremo Norte dos Camarões). Relatório final, Rede Anafe/Raft-AHT. 32p.

Amuli (2015). Comparação de duas técnicas intermitentes de gestão da água no rendimento de cinco variedades de arroz irrigado em Kiringye, na planície de Ruzizi, dissertação não publicada, UCB.

Anónimo (2010). Mémento de l'agronome, P.691 - 1254 éd. Quae, Montpellier - França.

Appert J. (1970). Maliarpha separatella (Broca branca do arroz). Observations nouvelles et rappel des problèmes entomologiques du riz à Madagascar, Agronomie Tropicale 25: 329-362.

Arhent C., Cramer H. H., Mogk M. & Peshel H. (1983). Impacto económico das perdas de colheitas. 10° Congresso Internacional de Proteção das Plantas. 10 a 25 de novembro de 1983. 1: 65 - 73.

Arraudeau M. (1998). Arroz de regadio. Maisonneuve & Larousse, Paris. 656 p.

Arraudeau, M.A. e Vergara, B.S. (2018). Uma cartilha do agricultor sobre o cultivo de arroz de terras altas. Los Baños, Filipinas, IRRI. 95 páginas.

Attikou, A. (2014). Suivi de la fertilité des sols des aménagements hydro-agricoles : Cas des périmètres rizicoles de Bonféba et Lata. Niamey, Office National des Aménagements Hydro-Agricultural. 39pp. Akintayo I., Cissé B., e L. D. Zadji. 2008. Guide pratique de la culture des NERICA de plateau. Cotonou, Benin: Centro Africano do Arroz (WARDA), 36pp.

Awinakai J. (1998). Relatório de estágio de descoberta de um meio humano. Universidade de Dschang. 42 p.

Awoderu V. A. (1991). A situação do vírus do míldio amarelo do arroz na África Ocidental. Tropical pest management 37: 356-362.

Bacye. B. (2016). Contribuição para o desenvolvimento de um sistema de controlo racional de insectos pragas do arroz. Acompanhamento fitossanitário e experimentação no perímetro rizícola do vale do Cou. Dissertação final, IDR Université de Ouagadougou. 76 p.

Bamba, B. (2015). Contribuição para a avaliação das perdas devidas à explosão do arroz. Dissertação, Universidade de Ouagadougou. 51 p.

Barker, R. & Herdt, R.W. (2016). Rainfed lowland rice as a research priority - an economist's view. Em Rainfed lowland rice, pp. 3-50. Los Baños, Filipinas, IRRI.

Beauvilain A. (2011). Notas sobre as cidades da província do Norte. Revue de Géographie du Cameroun, 2 (1): 25-32.

Beckage N.E. (1985). Interações endócrinas entre insectos endoparasitas e os seus hospedeiros. Revista Anual de Entomologia 30: 371-413.

Bélanger A. & Musabyimana T. (2005). Neem contra insectos e doenças. In: Journée horticoles 2005. 4.

Bénech V., Quensière J., Vidy G., (2012). Hidrologia e físico-química das águas da planície de inundação do Norte dos Camarões. Cah. Orstom, ser. Hydrol, 19 (1): 15-36.

Bernard J.R. Philogène, Cathérine Regnault-Roger & Charles Vincent (2008). Biopesticidas de origem vegetal: avaliação e perspectivas. 2ª edição, Edition Tec & Doc, pp1-24.

Bessong à Beyeck, L. (2006). Potencial de comércio entre os Camarões e os seus parceiros fronteiriços. Mémoire d'Ingénieur d'Application de la Statistique, option gestion. Instituto Sul-Regional de Estatística e Economia Aplicada (I.S.S.E.A).

Betbeder Matibet, M. (2012). Criação de várias espécies do género Chilo e alguns dos seus parasitas para o controlo biológico de brocas de gramíneas em África. Insect.Sci. Applie, 11 (5/5): 617-623.

Bhan, V.M. (2016). Relação entre caracteres de crescimento e rendimento em arroz de terras altas. Riso, 15: 229-232.

Bhan, V.M. (2018). Influência do espaçamento entre linhas no arroz de terras altas. Riso, 17(2): 149-154.

Blache J., Miton F. (2011). Première contribution à la connaissance de la pêche dans le bassin hydrographique Logone-Chari-lac Tchad. Paris, ORSTOM, Mémoire n° 4, 143 p.

Billon B., Bouchardeau A., Roche M., Rodier J. (2015). Monographie hydrologique du Logone. Paris, Orstom, 8 vols, 770 p.

Biofil (2008). O nim (ou neem), a árvore milagrosa.

Biscaldi R. (2014). Hidrologia do lençol freático de Logone-Chari-Chad. BRGM, Relatório 70-Yao-003.

Biswas, A. K., Islam, A., Nayek, B. & Choudhuri, M.A. (2017). Suscetibilidade induzida por estresse hídrico a pragas em plantas de arroz (Oryza sativa). Biólogo indiano 14 (1): 13 - 20.

Biswas K., Chattopadhyay I., Banerjee R.K., Bandyopahyay U. (2002). Actividades biológicas e propriedades medicinais do neem (Azadirachta indica). Current Science, 82, 1336-1345.

Bodji J-L. & Yao K. A. (2017). Estudo da eficácia dos extratos vegetais de neem (Azadirachta indica Juss) e papaia (Carica papaya L.) no controlo de pragas de culturas hortícolas. Dissertação final para o Diplôme d'Ingénieur des Techniques Agricoles, Ecole supérieure d'Agronomie de Yamoussoukro, 56p.

Boeke, S. J. (2002). Produtos vegetais tradicionais africanos para proteger o feijão-frade armazenado contra danos causados por insectos; a batalha contra o escaravelho. Tese de doutoramento, Universidade de Wageningen, 151 p. + apêndice Boeke, S.J. Boersma, M.G. Alink, G.M. VanLoon, J.J.A. Huis, A. Dicke, M. Rietjens,

I.M.C.M. (2004). Safety evaluation of neem (Azadirachta indica) derived pesticides, Journal of Ethnopharmacology 94 : 25-41.

Boivin, G. (2016). Evolução e diversidade de insetos parasitoides. Antennae. Edição especial: 6-12.

Boivin, G. (2018). Pesquisa entomófaga: ponto da situação. Annales de la Société

Entomologique de France (N.S.) 35 (suppl.): 348-355.

Bonzi. (2017). Resultados das primeiras investigações sobre pragas de insectos do arroz no Alto Volta. Comunicação apresentada no seminário da Associação para o Desenvolvimento da Cultura do Arroz na África Ocidental (ADRAO) em Bobo - Dioulasso de 17 a 22 de setembro de 2017.

Bordat, D., Breniere, J. & Coquard, J. (2010). Broca da erva africana: parasitismo e técnicas de criação Agron. Troptc. 32 (4). 391-399.

Bouafia A, 2002, La rousse agricole: 755 pp.

Bouchardeau A. (2015). Monographie hydrologique du Logone. Paris, Orstom, 8 vols, 770 p.

Bouman, B. A. M. & Tuong P. (2011). Field water management to save water and increase it productivity in irrigated rice agriculture water management 49 (1), 11-30.

Bourbonnais G. (1991). Orientações para a recolha de insectos e artrópodes. http://ici.cegep-ste-foy.qc.ca/pdf, consultado em 10/10/2008.

Bourgoin Th., J. Swzedo & F. Lefèbvre, 2004. Sobre a filogenia e a classificação dos Hemiptera, :11-36. In: Fossil Planthoppers (Hemiptera: Fulgoromorpha) of the world.

Brenière J. H. (1983). Principais pragas do arroz na África Ocidental e seu controlo. Association pour le Développement de la Riziculture de l'Afrique de l'Ouest. 2ª Ed. 87 p.

Breniere, (2013). Principais pragas do arroz na África Ocidental e seu controlo. Associação de Desenvolvimento do Arroz da África Ocidental, Monróvia, Libéria. 52 p.

Brevault Guibert H. & Naudin K. (2007). Estudos preliminares das restrições de pragas às plântulas de algodão num sistema de sementeira direta com cobertura vegetal nos Camarões. Expl Agric (2009), volume 45, pp. 25-33. Cambridge University Press.

Bruneton J. (1999). Farmacognosia. 3ª edição, Editions Tec & Doc - Lavoisier, Paris.

Buffington, M. L., & R. A. Redak (2008). A comparison of vacuum sampling versus sweep-netting for arthropod biodiversity measurements in California coastal sage scrub. Journal of Insect Conservation 2: 99-106.

Byers, J.R., Yu D.S. & Jones. J.W. (2015). Parasitismo do verme do exército, Euxoa auxiliaris (Grt.) (Lepidoptera: Noctuidae), por Copidosoma bakeri (Howard) (Hymenoptera: Encyrtidae) e efeito sobre os danos às culturas. The Canadian Entomologist 125 : 329-335.

CBLT. (2016). Estudos dos recursos hídricos na Bacia do Lago Chade, com vista a um programa de desenvolvimento. In: Recursos hídricos subterrâneos na Bacia do Lago Chade, LCBC, Camarões, Níger, Nigéria, Chade, PNUD, Roma FAO.

Callahan, R. A., Holbrook, F. R. & Shaw. F. R. (2016). Uma comparação entre a varredura e a coleta a vácuo de certos insetos que afetam as culturas forrageiras. Jornal de Entomologia Económica 59: 478-479.

Cessouma A. (2008). L'agriculture irriguée et perspective et l'économie d'eau au Mali 67pp.

CIRAD-GRET, (2009). MEMENTO de l'agronome, Nova edição, Ministère des affaires étrangères (França) Pp799-811.

Christian Seignobos & Olivier Iyébi-Mandjek, (2005). Atlas da província extramuros do Norte dos Camarões, Paris, IRD Éditions, 171 p

Coquard, J. & Breniere, (2011). Broca do arroz Chilo zaccontus Biez na África Ocidental: Fecundidade em meio artificial Agron. Tropic. 34 (2) : 175-179.

Côté S. (2004). Comment commencer sa collection d'insectes. Associação dos Entomologistas Amadores do Québec (AEAQ) 1: 25-23

Cloutier, C. e C. Cloutier. 2012. Soluções de controlo biológico para a supressão de pragas de insectos e ácaros das culturas. Páginas 19-88 em: C. Vincent e D. Coderre (eds.), La lutte biologique. Gaëtan Morin, Boucherville.

CTA. (1995). Integração do controlo biológico e da resistência das plantas hospedeiras. Actas de um seminário CTA/IAR/IIBC. Adis Abeba, Etiópia, 9-14 de outubro de 1995. 383 p.

Colombani J., Olivry J.-C., & Kallel R., (2014). Fenómenos excepcionais de erosão e transporte de sólidos na África árida e semi-árida. In: Actas do Simpósio de Harare, IAHS Publ. no. 144: 299-300.

Curio E., (2012). A etologia da predação, Springer Science & Business Media, vol. 7.

Dakouo, D. & Nacro, S. (2012). La lutte contre les insectes ravageurs du riz au Burkina : bilan et perspectives in Lutte intégrée contre les ennemis des cultures vivrières dans le Sahel INSAH (edit.), Séminaire international de lutte intégrée Bamako 4 - 9 janvier1990, pp170 - 186.

Dakouo, D., Nacro, S., & Sie, Ivi. (2016). Evolução sazonal das infestações do mosquito do arroz, Orseolia oryzivora H. et G (Diptera, Midge) no sudoeste do Burkina Faso. Insectos Sei. Applic. 9 (4) pp 469-473.

Dakouo, D., Nacro, S. (2018). Desenvolvimento de um sistema racional de gestão de pragas de insectos em campos de arroz SEMRY. Insect. Sc. Appl. 15 (5/6): 565- 570.

Dawkins R., Krebs J. R., (2016). Arms Races between and within Species, pp. 489-511; DOI: 10.1098/rspb.1979.0081. [1] [arquivo].

De Datta, S.K. & Feur, R. (2017). Solos em que o arroz de terras altas é cultivado. Em Major research in upland rice, pp. 27-39. Los Baños, Filipinas, IRRI.

De Datta, S.K. & Vergara, B.S. (2017). Clima das regiões de arroz de terras altas. Em Major research in upland rice, pp. 14-26. Los Baños, Filipinas, IRRI.

Decraene P. (2017). Lettre de Maroua: l'ombre portée du Nigeria. Le Monde, 29 a 29 de julho de 2014: 8.Defoer (2004). Manual do facilitador: insectos pragas do arroz; 6 páginas.
Defra (2013). Avaliação de produtos totalmente aprovados ou provisoriamente aprovados. Evaluation on Lambda-cyhalothrin Use as a public Hygiene insecticide (Food and environment protection act, 1985, part III) issue n°104, Department for Environment, Food and Rural Affairs (DEFRA) - Pesticide Safety Directorate.

De Groot, I. (1996). Proteção dos cereais leguminosos armazenados. CTA. Agrodoc18: 3-45.
Delseny M. (2016). Arroz, um modelo em genómica. Biofutur 203, 30-35.

Delvare G. & Aberlenc P. 1989. Insectos de África e da América Tropical. Clé pour la reconnaissance des familles. 297 p.

Denham M. (2014). Voyages et découvertes dans le nord et les parties centrales de l'Afrique, exécutés pendant les années 1822, 1823 et 1824. Trad. Eyries et de la Renaudiere, Paris, A. Bertrand, 3 vols. 367 p., 379 p., 428 p.

Diaz, OL (2009). Alterações climáticas, pobreza e transportes nas cidades a sul do Saara. Université Cheick Anta Diop, 310p.

Dobelmainn J.P. (2010). Rizicultura prática. Riz pluvial. Técnicas vivas. Agência de Cooperação Cultural e Técnica. Presses universitaires de France, Paris; França.

Dubreuil P. (2015). Étude des inondes sur un petit bassin de la région de Maroua, Nord-Cameroun. Paris, ORSTOM, Annuaire hydrologique de la France d'Outre-Mer: 15-27.

Durand J. R. & Lévêque C. (2015). Flora e fauna aquáticas da África sahelo-sudanesa. Paris, Orstom, IDT 45, 484 p.

Eggleton, P. & Gaston K.J. (2016). Espécies e assembleias de parasitoides: definições convenientes ou compromissos enganosos? 59: 417-421.

Ekukolé G. & Ajayi O. (1995). Algumas observações sobre Scymnus (Scymnus) floralis (F.) e Ischiodon aegyptius (Wiedmann), predadores do pulgão do algodão no Norte dos Camarões. Jornal de Zoologia Africana 109: 93-97.

Engola-Oyep J. (1991). Assurer la survie des périmètres hydro rizicoles à l'heure de l'ajustement structurel. Cahier des Sciences Humaines 27: 53-63

Espírito WARDA. (2004). O Centro Africano do Arroz. Jornal da WARDA 5: 2 - 4. FAO. (2000). Rice. FAO. Boletim Estatístico 1: 20-73.

FAO. (2001). Anuário Estatístico; www.fao.org. 31/03/2017. FAO. (2002). Anuário estatístico da produção 56 :175-176.

FAO. (2004). Cimeira Extraordinária dos Chefes de Estado e de Governo da União Africana sobre o Emprego e a Redução da Pobreza em África. Situação da agricultura e das populações rurais em África.

FAO. (2011). O estado da insegurança alimentar no mundo. Como a volatilidade dos preços internacionais afecta a economia e a segurança alimentar dos países. Roma 62 p.
FAO. (2013). Rice. FAO. Boletim Estatístico 2: 2-10.
FAO. (2014). FAO. Boletim Estatístico 1: 24-54.
FAO. (2017). Sistemas melhorados de cultivo de arroz de sequeiro, Roma.
FAO. (2018). Anuário Estatístico; www.fao.org.

Faye M. (2010). Novo processo de fracionamento das sementes de nim senegalês (Azadirachta indica A. Juss): produção de um óleo e de uma torta biopesticida. Tese,

Département des Sciences des Agro-ressources, Université de Toulouse. 267p.+ apêndice.
Fotsing E., (2009). Pequena savana: Um sistema de informação para a análise integrada das alterações do uso do solo no Extremo Norte dos Camarões. Tese de doutoramento.

Fritsch P., (2013). Aspectos geológicos das planícies aluviais do norte dos Camarões.
GauldI. D. & Bolton B. (1988). The Hymenoptera. British Museum Natural History Press 1: 331-332.

Gilburn A.S., Bunnefeld N., Vean Wilson J., Botham M.S., Brereton T.M., Fox R., & Goulson D. (2015). Os inseticidas neonicotinóides estão causando o declínio de borboletas generalizadas? https://doi.org/10.7717/ peerj.1402.

Gnago J. A., Danho M., Atcham Agneroh T., Fofana I. K. & Kohou A.G., (2016). Eficácia dos extractos de neem (Azadirachta indica) e papaia (Carica papaya) no controlo de insectos pragas de quiabo (Abelmoschus esculentus) e couve (Brassica oleracea) na Costa do Marfim. Int. J. Biol. Chem. Sci.4(4): 953-966, agosto de 2010.

Godfray, H.C.J. (2014). Parasitóides. Ecologia comportamental e evolutiva. Princeton University Press. Nova Jersey.

Goldstyn J. (2003). Métodos de captura 2. Insectarium de Montréal. 54 p.
Goswami, N.N, Bapat, S.R., Leelavathi, C.R. & Singh, R.N. (2016). Deficiência de potássio no arroz e no trigo em relação aos tipos de solo e ao estado de fertilidade. Bula da Sociedade Indiana de Ciência do Solo, 10: 186- 194.

Greathead, D.J. (2016). Parasitóides no controlo biológico clássico. Páginas 290-318 em J. Waage e D. Greathead (eds.), Insect parasitoid. Academic Press, Londres.

Guigaz M. (2000). Mémento de l'agronome. CIRAD GRET, Paris. 1690 p.
Guillard J. (2015). Estudos e trabalhos sobre a pesca na bacia camaronesa de Logone. Garoua, Archiv. de l'Inspection forestière du Nord.

Guiscafre J. (2016). Influence des aménagements anti-érosifs sur l'écoulement des mayos Kapsiki - Bassins versants de Mogodé. Yaounde, Orstom-Ircam, 40 p., gráficos.

Gupta, P.C. & O'Toole, J.C. (2018). Arroz de terras altas - perspetiva global. Los Baños, Filipinas, IRRI. p. 1; 63-68; 306-310.

Hamadoun A. & Traoré (1997). Situação da mancha de arroz no Mali: o caso do Office du Niger. Pp 20-22 In: Simpósio Internacional sobre o Vírus da Mancha Amarela do Arroz (18-22 de setembro de 1997). M'bé/ Bouaké, Costa do Marfim.

Hanks, J. (2006). Mitigation of human-elephant conflict in the Kavango-Zambezi Transfrontier Conservation Area, through Community Based Problem Animal Control, with particular refrence to the use of chilli peppers. Relatório preparado pela Conservation International.

Hanski I, Hansson L & Henttonen H. (2017). Predadores especializados, predadores generalistas e o ciclo do roedor microtina. Jornal de ecologia animal 60-1 353-367 doi:10.2307/5465.

Harris &Gagné. (1982). Descrição do mosquito africano da galha do arroz com notas comparativas sobre o mosquito asiático da galha do arroz, O. oryzae (wood Mason) (Diptera: Cecidomydae). Boletim entomológico 72: 467-472.

Harris, K.M., & Gagne, RJ., (2015). Taxonomia do mosquito da galha do arroz asiático e africano. Boletim Internacional de Investigação do Arroz, 7 (2): 8.

Hari K. P., (2017). Sistemas melhorados de cultivo de arroz de sequeiro Organização das Nações Unidas para a Alimentação e a Agricultura Roma, Itália, 1997. 172 p.

Hassell M.P. & Godfray H.C.J. (2016). A biologia populacional de parasitoides de insetos. Páginas 265-293 em M.J. Crawley (ed.), Natural enemies. A biologia populacional de predadores, parasitas e doenças. Blackwell Scientific Publications, Boston.

Heinrichs E. A. (1983). Biologia e gestão dos insectos do arroz. Ed. E.A. Heinrichs, Nova Iorque. 779 p.

Heinrichs E. A. (1994). Arroz. Pp 3-11 In: Biologia e gestão dos insectos do arroz. Heinrichs ed. Wiley and Eastern Limited New Delhi, India.

Heinrichs E.A. &Alberto T. B. (2004). Biologia, ecologia, identificação. Rice-Feeding Insects and Selected Natural Enemies in West Africa (Insectos que se alimentam de arroz e inimigos naturais selecionados na África Ocidental). Ed. P. Hettel, Bouaké. 450 p.

Heinrichs E. A., Barrion A.T. (2004). Insectos que se alimentam de arroz e inimigos naturais selecionados na África Ocidental. Biologia, Ecologia, Identificação. Instituto Internacional de Investigação do Arroz e WARDA, o Centro Africano do Arroz, Bouaké. 80 p.

Heinrlchs, E.A., (2008). Arroz da África Ocidental na broca do caule dos cereais africanos. Importância económica, taxonomia, inimigos naturais e controlo. Editado por A. Polaszek. Centro Internacional de Agricultura e Biociências (Londres), pp. 49-57: 49-57.

Hill D. S. (1983). Agricultural insect pests of the tropics and their control. LondonUniversity Press 2: 745-746.

Hirsch, R. (2018). Arrozicultura africana: importância e questões (arroz e políticas de arroz na África Ocidental e na zona PSI/CORAF). Em Pour un développement durable de l'agriculture irriguée dans la zone Soudano-Sahélienne : Synthèse des résultats du Pôle régional de Recherche sur les systèmes irrigués (PSI/CORAF), Actas do Seminário de Dakar (Senegal) de 30 de novembro a 3 de dezembro de 1999, CIRAD/CF/CTA.

Holling C. S. (2015). Os componentes da predação revelados por um estudo sobre a predação de pequenos mamíferos do European Pine Sawfly, The Canadian Entomologist, vol. 91, pp. 293-320.

Holling C. S. (2016). Algumas caraterísticas de tipos simples de predação e parasitismo, The Canadian Entomologist no. 91, pp. 385-398. Doi : 10.4039/Ent91385-7.

Hubertus Kleeberg, (2015). Le neem, un agent de contrôle biologique à base d'extraits végétaux in Biopesticides d'origine végétale, 2nd edition, Editions Tec & Doc, p14.

Hugon Ph. (2014). Sectores agrícolas e políticas macroeconómicas. In Benoit-Cattin M, Griffon M, Guillaumont P, éditions économie des politiques agricoles dans les pays en développement, les aspects macroéconomiques, Paris, revue française d'économie.

Huke R.E. & Huke E.H. (1990). Rice. Then and now. Manila, Instituto Internacional de Investigação do Arroz 1: 1- 44.

IITA (Instituto Internacional de Agricultura Tropical). (1987). Relatório anual para 1987. IITA, Ibadan. 160 p.

IITA (Instituto Internacional de Agricultura Tropical). (2000). Relatório Anual e Atualização da Investigação 2000. IITA, Ibadan. 145 p.

IITA (Instituto Internacional de Agricultura Tropical). (2013). Relatório anual e atualização da investigação 2013. IITA, Ibadan. 192 p.

Ingram, W. R. (2016). Controlo biológico de brocas de caule de gramíneas e brocas de vagens de leguminosas. Insectos. Sei. Appl, 4 (1/2). Pp 205-209.

Insah, (2017). Gestão integrada de pragas em culturas alimentares. Segundo seminário sobre a gestão integrada das pragas das culturas alimentares no Sahel. 392 P.

IOMC (Inter-Organization Programme for the Sound Management of Chemicals). (2002). Grupo Diretor para a Redução dos Riscos dos Pesticidas. Relatório da Organização para a Cooperação e Desenvolvimento Económico (OCDE), Pesticide Risk Reduction Group Seminar on Minor Uses and Pesticide Risk Reduction. 18 p.

IRRI (Instituto Internacional de Investigação do Arroz). (1997). Relatório anual. IRRI, Manila. 90 p.

IRRI (Instituto Internacional de Investigação do Arroz). (2015). Problemas na cultura do arroz. Guia de identificação, segunda edição. Manila Filipinas. Pp :71-79.

IRRI. (2017). Factos sobre o arroz. Los Baños, Filipinas. Manila. 87 p.

IRRI. (2018). Inquérito genético internacional sobre arroz de terras altas. Los Baños, Filipinas. Manila. 45 p. Isman M.B. (2017). Inseticidas de Neem. Pesticide outlook, 8 p.

Isman M.B. (2018). Inseticidas botânicos, deterrentes e repelentes na agricultura moderna e no mundo cada vez mais regulamentado. Annu Rev Entomol, 50p.

Issoufou, A. & Issa, G. (2006). Determinação das superfícies e estimativa da produção de arroz em ambientes hidroagrícolas. Relatório de estudo. Niamey, Programme d'Appui à la Filière Riz. 43 pp.

Jackson R. (2016). Mimetismo agressivo, comportamento predatório específico da presa e reconhecimento do predador nas interações predador-presa de Portia fimbriata e Euryattus sp., Aranhas saltadoras de Queensland. 98 pp.

Javed N., Gowena S.R., El-Hassana S.A., Inam-ul-Haqa M., Shahinab F. & Pembroke B.

(2008). Eficácia das formulações de neem (Azadirachta indica) na biologia dos nemátodos das galhas (Meloidogyne javanica) no tomate. Proteção das Culturas, 27, 36-43.

Jeroen B., Koomen I., Joep.V. L de Jeude. & Oudejans.J. (2014). Pesticidas: composição, utilização e riscos. In serie Agrodok 29, 1ère édition. Editions Digigrafi & wageningen, Países Baixos. 124 p.

Johnson, D.E. (2017). Les adventices en riziculture en Afrique de J'Ouest, WARDA, Bouaké (Cote -d'Ivoire), PP: 1-2.

Jones, T.H., M.P. Hassell & R.M. May (2014). Dinâmica populacional das interações hospedeiro-parasitoide. Páginas 371-397 em B.A. Hawkins e W. Sheehan (eds.), Parasitoid Community Ecology. Oxford University Press, Nova Iorque.

Karimi J., Haubruge E., Francis F. (2010). Desenvolvimento de moléculas entomotóxicas como agentes de controlo: ilustração de algumas utilizações potenciais de proteínas e limites das lectinas (Revisão), Biotechnologie Agronomie.Société et Environnement. 14 (1) : 225-241.

Kaung V. T., John & Alam. (1985). Rice production in Africa: an over view, in Rice Improvement Eastern, central and southern Africa. Pp 7-27 In: Procedimentos do workshop internacional Rice. Instituto Internacional de Investigação do Arroz, Filipinas.

Kessler S.C., Tiedeken E.J., Simcock K.L., Derveau S., Mitchell J., Softley S., Stout J.C. & Wright G.A. (2015). As abelhas preferem alimentos que contenham pesticidas neonicotinóides. Natureza 7: 74-76.

Klatt B.K., Rundlöf M., & Smith H.G. (2016). Manutenção da Restrição aos Neonicotinóides na União Europeia - Benefícios e Riscos para as Abelhas e Serviços de Polinização. Frontiers in Ecology and Evolution 4: 4. http://dx.dor.org/10.3389/fevo.2016.00004.

Kouassi N. K., N'Guessan P., Albar L., Fauquet C. M. & Brugidou C. (2005). Distribuição e caraterização do Rice yellow mottle virus: Uma Ameaça para os Agricultores Africanos. Sociedade Americana de Fitopatologia 89: 124-133.

Kosma P., Ambang Zachée, Ten Hoopen M. & Begoude D. (2013). Estudo da suscetibilidade de cultivares de plátano a Radopholus similis (Cobb) Thorne (nemátodo) e ensaios de proteção com formulações de sementes de nim (Azadiracta indica A. Juss). 1re Conferência Africana de Investigação sobre Agricultura, Alimentação e Nutrição. Yamoussoukro, Costa do Marfim, 4-6 de junho de 2013. Les Presses Agronomiques de Gembloux, A.S.B.L. Pp: 511-524.

Kumar R. (1991). Gestão de pragas de insectos: a situação na agricultura africana. CTA/Karthala, Wageningen, Paris, 310 p.

Kumar, A.R.V. Jayadevi, H.C. Ashoka, H.J. Chandrashekara, K. (2003). Eficiência do uso de azadiractina em formulações comerciais de nim. Journal of Current Science 84 (11): 1459-1464. Lesueur F. (2006). Desenvolvimento de formulações à base de extractos de nim de Azadirachta indica.

A. Juss pour la protection de la pomme de terre (Solanum tuberosum L.) contre le Myzus persicae, un puceron colonisateur et vecteur de virus circulants et non Circulants. Tese de mestrado, Université de Laval- Québec, 139p. + apêndices.

Maes, K. V.N. (2016). Pyraloidea, Carabidae, Pyralidae. na broca do caule dos cereais africanos. Importância económica, taxonornia, inimigos naturais e controlo. Editado por A Polaszek. Centro Internacional de Agricultura e Biociências. (Londres), pp: 87-98.

Mahapatra, I.C. & Srivastav, V.C. (2014). Gestão do arroz de terras altas de sequeiro: problemas e perspectivas. Oryza, 21: 20-37.

Marco Salvioni (2014). Avaliação dos danos causados por ratos (Rattus rattus) em campos de arroz em Madagáscar. Tropical Pest Management 37 (2) - 175-178.

Matsushima S. (2016). Crop Science in rice, theory of yield determination and its application. Fuji Publishing Co, Ltd, edit.3.

Meijerman, L. & Ulenberg, S.A. (2014). Larvas (Morfologia). na broca do caule dos cereais africanos. Importância económica, taxonomia, inimigos naturais e controlo. Editado por A Polaszek. Centro Internacional de Agricultura e Biociências 1998. CABI, U.R. (Londres), pp:99-113.

Migabo, K. (2009). Essai d'introduction de six variétés de riz irrigué dans les conditions edapho climatiques de la plaine de la Ruzizi. Dissertação não publicada da UCB: 51 pp.

Misra, R.K. Mathur, S.C. & Chaudhary, R.C. (2016). Criação de variedades de arroz resistentes a doenças. No Simpósio Nacional sobre o Aumento do Rendimento do Arroz em Kharif, pp. 95-114. Cuttack, Índia, Instituto Central de Investigação do Arroz.

Modibo Ahmadou (2011). História de Maroua e dos seus bairros. Manuscrito em árabe (3 p.)

Monty P. Jones. (2016). A planta do arroz e o seu ambiente. Guia de formação ADRA0, Bouaké (Cote d'Ivoire), n034: 28 p.

Moormann, F.R. (2016). Avaliação geral das terras em que o arroz é cultivado na África Ocidental. Documento apresentado no Seminário sobre Fertilidade do Solo do Arroz e Utilização de Fertilizantes, 22-27 de janeiro de 2016. Monróvia, Libéria, Associação para o Desenvolvimento do Arroz na África Ocidental.

Mukhopadhya, S.K., Ghosh B.S. & Maity, H. (2014). Problema de ervas daninhas em arroz de terras altas e abordagens para resolver o problema com o uso de novos herbicidas. Oryza, 8: 269-274.

Nanda, N. & Prakash Rao, P.S. (2014). Gestão de pragas de insectos do arroz de sequeiro. Trabalho apresentado no Simpósio Nacional sobre Reunião de Grupo Multidisciplinar sobre Arroz de sequeiro, 17-20 de setembro de 1980. Cuttack, Índia, Instituto Central de Investigação do Arroz.

Nacro, S. (2017). Etude de la bioécologie de la Cécidornyie du riz Orseolia oryzivora sp. n., (Diptera, Cécidomyiidae).et de deux méthodes de lutte contre ce ravageur sur la plaine rizicole de Karfiguéla - (Banfora). Dissertação final, IDR Université de Ouagadougou. 70 p

Nacro S. (2014). Análise de um sistema tritrófico: Insectos pragas do arroz e seus parasitóides nos Camarões. Tese de doutoramento da Universidade de Rennes 1 (França), 118 p.

Niyondagara, T. (1984). Contribution à la sélection du riz pour un environnement pluvial. Dissertação, FACAGRO, U.B, Bujumbura: 112pp.
Noëlle Terpend (2017). Um guia prático para a abordagem da cadeia de valor. O caso do abastecimento e distribuição de alimentos nas cidades. Coleção "aliments dans les villes", 39 páginas.

Nwilene F. E. (2000). Destaques das Actividades da WARDA. Relatório Anual da WARDA 2000, WARDA, Bouaké. 30 p.

Okocha, Peter, Markn & Ravindra C. Joshi (2017). Rastreio de campo para resistência à necidornia africana do arroz. Guia de investigação do IITA. Ibadan (Nigéria), 16 p.

O'leske, D. L., Robel R. J., & Kemp K. E. (2007). Biomassa de invertebrados recolhida por rede de varredura em campos agrícolas de alto e baixo rendimento no Kansas. Wildlife Society Bulletin 25: 133-138.

Ouedraogo, E. & Gouba, N. A. (2003). A utilização de neem para proteção natural de culturas no Sahel. Centro Ecológico Albert Schweitzer (CEAS). Ouagadougou (Burkina Faso).

Paba Sale M. (2014). Maroua: aspects de la croissance d'une ville du Nord-Cameroun (des années 50 à nos jours). Univ. Bordeaux-III, estes IIIe cycle, 304 p.

Paul Ondo Ovono, Thaddée Gatarasi, Daniel Obame Minko, Drice Miyoumbi Koumagoye & Claire Kevers (2014). Estudo da dinâmica da população de insectos na cultura do arroz NERICA nas condições de Masuku, Sudeste do Gabão (Franceville). Int. J. Biol. Chem. Sci. 8 (1): 218-236, fevereiro de 2014. ISSN 1997-342X (Online), ISSN 1991-8631 (Impresso).

Poe G. (2015). O modelo bioeconómico de uma única espécie e uma única arte: aplicações a propostas de gestão e desenvolvimento da pesca no lago Maga, Pouss. 21 p.
Polaszek, A. & Delvare, G. 2000. Les foreurs des tiges de céréales en Afrique, Cahiers d'Etudes et recherches francophones d'Agriculture, 123pp.
Ponnamperuma, F.N. (2015). Limitações de micronutrientes em solos ácidos de arroz tropical. Em E. Borvenusza e A. Alvarado, eds. Gestão do solo na América tropical, pp. 330-347. Raleigh, Universidade Estadual da Carolina do Norte.

Pontie G. (2011). Os Guiziga do norte dos Camarões. Paris, Mem. Orstom n° 65, 255 p.
Prestat G. (2010). Maroua " ville d'islam ". CHEAM, referência 2, 176, 1953 D, 21 p. dactyl.
Puri H.S. (1999). Neem, a árvore divina, Azadirachta indica. 1079 LH Amesterdão.

Qi B., Gordh G., e Walter G. (2001). Efeitos de uma presa alimentada com neem nos insectos predadores Harmonia conjormis (Boisduval) (Coleptera: Coccinellidae) e Mallada signatus (Scheneider) (Neuroptera: Chrysopidae). Controlo Biológico, 22: 185-190.

RAI, P.S. & Vidyachandra, N. (2013). Incidência do mosquito da galha do arroz (Orseolia oryzae
(Wood - Mason) em relação à data de plantio. Estação Regional de Pesquisa, 8 (4): 65- 66.

Rao, M.V. (2016). Aumentar o rendimento do arroz em terras altas. Intensive Agric, 16: 4-7.
Rao, C.N. & Murty, K.S. (2015). Efeito da aplicação dividida de nitrogênio na sobrevivência do perfilho e no rendimento do arroz de terras altas com semeadura direta. Indian J. Agric. Sci. 45: 183-185.

Rao, N.V., Rao V.L.V.P., Rao R.H.K., Reddy P.S. (2015). Nota sobre o efeito das práticas culturais na incidência de insetos-praga do arroz. Indian Journal of Agriculture Sciences, 52 (l):48 - 50.

Reckhaus P.M. & Adamou I. (1986). Doenças do arroz e sua importância económica no Níger. Boletim de Proteção de Plantas da FAO 34 : 77 - 82.

Regnault-Roger C. (2017). Moléculas aleloquímicas e extractos de plantas na proteção das plantas: natureza, papel e avaliação da sua utilização no século XX. Em Regnault-Roger C. Questões fitossanitárias para a agricultura e o ambiente, Editions Tec & Doc - Lavoisier, Paris, 625-650.

Regnault-Roger C. (2018). Procura de novos biopesticidas insecticidas de origem vegetal: abordagem metodológica e aplicação às plantas aromáticas mediterrânicas. Em Biopesticidas de origem vegetal, 2ª edição, Edição Tec & Doc, pp 25- 49.

Rosenfeld M.F. (2017). Estimando o rendimento das culturas usando o método de corte de amostra. In : Économie rurale. N°18. pp. 25-28.

Roupsard M. (2015). Norte dos Camarões, abertura e desenvolvimento. Coutanccs, Impr. C. Bellee, 516 p.

Roy, J.K., Israel, P. & Panwar, M.S. (2016). Criação de resistência a insectos para o arroz. Oryza, 6: 38-44.

Royer, L. & Boivin G. (2018). Infoquímicos mediando o comportamento de forrageamento de adultos de Aleochara bilineata Gyllenhal: fontes de atrativos. Entomologia Experimentalis et Applicata 90: 199-205.

Sadou I., Woin N., Ghogomu T.R. e Hamasselbe A. (2013). Inventário de predadores e parasitoides de insectos pragas de arroz na região do extremo norte dos Camarões. GBS Publishers & Distributors (Índia), Indian Journal of Applied Agriculture Research. http: //www. gbspublisher. com/Volume/ijaarv1n1.htm.

Sadou I., Woin N., Ghogomu T.R. e Hamasselbe A. (2013). O inventário de pragas de insectos e vectores do vírus da mancha amarela do arroz em ecossistemas de arroz na região do Extremo Norte dos Camarões. GBS Publishers & Distributors (Índia), Indian Journal of Applied Agriculture Research. http://www.gbspublisher.com/Volume/ijaarv1n1.htm.

Sadou I. (2011). Inventário dos insectos vectores do vírus da mancha amarela do arroz nos ecossistemas de arroz do Extremo Norte dos Camarões. Livro. Editions universitaires européennes, 2011, 84 p. ISBN: 978-613-1-58823-5. Schaltungsdienst Lange, Berlim, Alemanha. www.thebookedition.com /inventaire - des - insectes - vecteurs - sadou- ismael - p-66593. html ou www.ecochimp.com/ inventaire-des-insectes-vecteurs-du-virus-de-lapanachure-jaune-du-riz-sadou-ismael--p-36750.html.

Sadou I., Woin N., Ghogomu T.R. & Djonmaila (2008). Inventário de insectos pragas e vectores da mancha amarela do arroz nas áreas irrigadas de Maga (Extremo Norte). Tropicultura, Vol. 26, No. 2, 2008, pp. 84-88.

Sanco D.G. (2011). Relatório de revisão da substância ativa lambda-cialotrina concluído na reunião do Comité Fitossanitário Permanente de 19 de outubro de 2000 com vista à inclusão da lambda-cialotrina no anexo I da Diretiva 91/414/CEE, Comissão Europeia Direção-Geral da Saúde e da Defesa do Consumidor.

Soraja, R, Raju N. (2016). Efeito dos níveis de fertilizantes azotados e do espaçamento nos danos causados pelo mosquito da galha do arroz e pela folha - pasta. InternationalRice Research News/errer 7 (4): 10.

Savary, S., Srivastava R. K., Singh H.M. & Elazegui F.A., (2017). Uma caraterização de pragas de arroz e quantificação de Josses de rendimento no sistema arroz-trigo da Índia. Crop. Prat. 16 (4) p : 387-398.

Sawadogo, A. (2017). Conhecimento das pragas e defesa das culturas. Noção de nématologia agrícola. Institut d'Etudes el de Recherches Agricoles Workshop de formação para técnicos do lNERA, Ouagadougou, 12 p.

Schalbroeck, J.J. (2001). Arroz: 85-105 In: Raemakers, R.JH. (Ed): Agriculture en Afrique Tropical. D.G.C.I., Rue de petits carmes, Bruxelas, Bélgica :1634PP.

Schalbroeck J.J. (2001). Plantas de cereais. Agricultura na África Tropical 1: 10-169.

Schalbroeck J. J. (2016). Arroz. In: Agriculture in Tropical Africa. Ministério dos Negócios Estrangeiros do Comércio Externo e da Cooperação Internacional, Bruxelas, Bélgica, p. 99 - 105.

Schmutterer, H. (1990). Propriedades e potencial de pesticidas naturais da árvore de neem, Azadirachta indica. Anuário de Revisão de Entomologia 35: 271-297.

Sebillotte M. (2016). Agronomia e agricultura. Essai d'analyse des taches de l'agronome, Cah. ORSTOM, ser. Biol, (24).

Seignobos C. (2015). L'arbre et la cite dans la zone soudano-sahélienne (les exemples du Tchad et du Cameroun septentrional). Yaounde, Rev. de Géogr. du Cameroun, 2 (1): 49-52.

Sere, Y. (2014). O controlo da explosão do arroz no Alto Volta. Actas do Simpósio sobre a resistência do arroz ao míldio. Montpellier - França. pp. 51-66.

Sere, Y. (2015). Explosão do arroz na cultura do arroz irrigado. Exemplo do vale do Kou (Burkina Faso). Problemas fitossanitários do arroz no Burkina Faso e revisão da investigação. Sahel info julho de 2015, pp: 5-6.

Sere, Y. & Eble S. (2017). Produção e investigação do arroz no Burkina Faso. Relatório apresentado na sessão da comissão internacional do arroz realizada em GOIANA, Brasil, 4-9 de fevereiro de 1990. 25 p.

Shaaya E, Ravid U, Paster N, Juven B, Lisman U & Pissarev V. (2016). Toxicidade fumigante de óleos essenciais contra quatro principais insetos de produtos armazenados. J Chem Ecol, 173p (pp499-504).

Shastry, S.V.S., Sharma, S.D., John, V.T. & Krishnaiah, K. (2016). Novas fontes de resistência a pragas e doenças na coleção de arroz Assam. Int. Rice Comm Newsl. 20 (2): 1-16.

Sie M., Kabore K. B., Dakouo D., Dembele Y., Sedga Z., Bado B. V., Ouedraogo M., Moukoumbi Y. D., Ban. M. & A. Traore. (2006). Fiches techniques des quatre nouvelles variétés de riz de type NERICA pour la riziculture de bas-fond / irriguée au Burkina Faso : FKR 56 N, FKR 58 N, FKR 60 N, FKR 62 N. INERA, Bobo Dioulasso. Burkina Faso, 5 p.

Silvestre A. (2014). "A difusão do milho no Norte dos Camarões: dinâmicas de inovação e cultura técnica local". Tese de doutoramento em geografia pela école des hautes études en sciences sociales, dirigida por Boutrais J, Paris.

Singh B., Sharma D.K., Kumar R., Gupta A. (2010). Desenvolvimento de um novo sistema de entrega controlada de pesticidas baseado no pó de folhas de neem. Journal of Hazardous Materials 177 : 290-299.

Singh, R.K. & Singh, C.V. (2016). Relatório anual da Estação Central de Investigação de Arroz de Terras Altas com Chuva de 2016. Hazaribagh, Índia, ICAR.

Singh, G.R, Parihar S.S. & Chaure (2017). Resposta de adubos orgânicos numa sequência de culturas de arroz (Oryza sativa) - Grão-de-bico (Cicer arietinum). Taxonomia do género Oryza (Poaceae): Boletim Internacional de Investigação sobre o Arroz 24 (3): 24 - 25.

Stoltz D.B. (1986). Interações entre o produto derivado do parasitoide e os insectos hospedeiros: uma visão geral. Journal of insect physiology. 32: 347-357.

Strand, M.R. (2016). As interações fisiológicas dos parasitoides com seus hospedeiros e sua influência nas estratégias reprodutivas. Páginas 97-136 em E. Wajnberg e D. Greathead (eds.), Insect parasitoid. Academic Press, Londres.

Sukmana, S. & Suwardjo, H. (2017). Perspectivas de medidas vegetativas de conservação do solo para a agricultura sustentável de terras altas. IARD J., 13 (1-2): 1-7.

Sullivan, D.J. (2017). Hiperparasitismo de insetos. Revisão anual de entomologia 32: 49-70.

Sunderland K.D. & Chanbers R.J. (1983). Predadores polífagos invertebrados como agentes de pós-controlo. Alguns critérios e métodos. Pp 100-108 In: Cavalloro, Aphid antagonists. Balkema, Roterdão.

Sy A A. (1994). Monitorização especial do vírus do míldio amarelo do arroz para o Mali. WARDA, Bouaké, Costa do Marfim. 28 p.

Sy A.A. & Alluri K. (1993). Seleção de plantas resistentes ao RYMV e estimativa da perda de rendimento induzida pelo RYMV sob pressão natural e artificial. Pp 44-45 In: WARDA, 1993. Relatório Anual, WARDA, Bouaké.

Swzedo, J., Th. Bourgoin & F. Lefèbvre. (2004). Um catálogo anotado com notas sobre a classificação de Hemiptera.

Tagne, A. Nguefack, J. The, C. Amvam, Z.H. (2002). Introdução aos biopesticidas: pesticidas botânicos. Boletim de Informação Fitossanitária 33: 23.

Tamgno, B.R. 2011. Diagnostic des problems agricoles en champs comme en stockage dans la Vallée du Logone. Relatório de actividades, PRASAC, Ngaoundere. 20 p.

Tirard C., R. Barbault, L. Abbadie, N. Loeuille (2012). Mini manuel d'écologie, cours+QCM/QROC, Dunod, p. 33-37.

Para Bi T. J-L. (2016). Contribution à l'étude de l'efficacité des extraits végétaux en culture maraîchères : cas Azadirachta indica Juss et de Carica papaya L. Dissertação final para o Diplôme d'Ingénieur des Techniques Agricoles, Ecole supérieure d'Agronomie de Yamoussoukro, 66 p.

Tougouma, A. (2014). Contribuição para o estudo do efeito dos factores ambientais nas relações hospedeiro-parasita no par arroz-Pyricularia Oryzae cav. Dissertação final. Universidade de Ouagadougou, 72 p

Toure, K. (2017). Biologia e ecologia de Chilo zaccouius Blesz, broca do caule do arroz no Mali. Relações tropicais com a sua planta hospedeira cultivada: o arroz. Sahel Pl' info, pp: 4-7.

Tran, D.V. (2016). Visão geral do arroz de terras altas no mundo. Em Progress in Upland Rice Research, pp. 51-66. Los Baños, Filipinas, IRRI.

Departamento de Agricultura dos Estados Unidos (USDA). (2014). Serviço nacional de estatísticas agrícolas, estatísticas agrícolas 2014, escritório de impressão do governo dos Estados Unidos, Washington: 2014

Van Driesche, R.G. & Bellows T.S. (2016). Biological control. Chapman & Hall. Toronto.

Vardhani, B.P. & K.T. Rao (2002). Efeito da aplicação normal e sub-normal de insecticidas na cigarrinha-das-pastagens castanha e nos seus predadores. Journal of Applied Zoological Researches 13:74-75.

Vaughan, D. A., Morishima, H. & Kadowaki, K. (2003). Diversidade no género Oryza. Current Opinion in Plant Biology, 6: 139-146.

Vermura, Y. & Mayasaka, A. (2018). Causas da diminuição da produção de arroz resultante da cultura de sementeira direta contínua e sua relação com a nutrição de fósforo. Proc. Crop Sci. Soc. Japan, 42 : 116-122.

Vincent J.F. (2016). ≪ Donnees nouvelles sur la fondation de la chefferie de Marva et le peuplement Giziga-Mofu de la region (Nord-Cameroun)≫ . Colloque CNRS, L'esprit de découverte, Valbonne, dez. 2016, 24 p. multigr.

Vinson S.B. & Iwantsch GF (1980). Host for insect parasitoids. Revisão Anual de Entomologia 25: 397-419.

Vinson, S.B. (2014). Interações fisiológicas entre parasitoides de ovos e seus hospedeiros.

Páginas 201-218 em E. Wajnberg e S.A. Hassan (eds.), Biological control with egg parasitoids. Cab International, Wallingford.

WARDA (2006). Relatório de Progresso 2003-2005 sobre a hibridação interespecífica conjunta entre espécies de arroz africanas e asiáticas (Oryza glaberrima e O. sativa), P. 151. Cotonou, Benim.

Waage J. & Greathead D. (1986). Parasitóides de insectos. Pp 388-389 In: Imprensa académica, Londres.

Woïn N., Volkmar C. & Wetzel T. (2004). Atividade sazonal de joaninhas (Coleoptera: Coccinellidae) como bioindicadores ecológicos em arrozais. Deutsch Journal of Entomology 12: 203-206.

Woin N., Sadou I., Djomaila (2006). Inventário e ecologia de insectos vectores da doença da mancha amarela do arroz e seus potenciais inimigos naturais nos ecossistemas de cultivo de arroz dos Camarões. Resumo do Congresso do Arroz em África: A partir da primeira geração da NERICA em África. 31 de julho-4 de agosto de 2006. Dar es Salaam, Tanzânia. Resumos de congressos de arroz em África, 2006, p. 75.

Woin N., Sadou I., Djomaila (2006). Desempenho de algumas variedades de arroz NERICA sob a pressão de pragas da entomofauna. Resumo do Congresso do Arroz em África: A partir da primeira geração de NERICA em África. 31 de julho-4 de agosto de 2006. Dar es Salaam, Tanzânia. Resumos de congressos de arroz em África, 2006, p. 59.

Woin, N. ; Ismael, Sadou ; Bourou, Sali & Bebom, T. (2007). Potencial de controlo biológico dos vectores do vírus do míldio amarelo do arroz. African Crop Science Journal, Vol. 15, No. 4, 2007, pp. 211-222.

Yao N. D. (2010). Estudo da eficácia dos extractos de folhas e sementes de neem (Azadirachta indica Juss) em insectos de quiabo (Abelmoschus esculentus L.): Besouros-pulgas, lagartas e percevejos. Dissertação final para o diploma de Engenharia Agronómica, EFCPC do INP-HB (Yamoussoukro), 60p.

Young, O.P. & T.C. Lockley (2015). A aranha-lince listrada, Oxyopes salticus (Araneae: Oxyopidae), em agroecossistemas. Entomophaga 30 :329-346.

Zadia, H, C. (2016). Analyse de la compétitive dans la gestion de la diversité variétale de riz dans la plaine de la Ruzizi (cas de lubarika, luberizi, et kiringye), dissertação não publicada UCB: 40pp.

Zhang, Y. (2004). Factores que afectam a decisão das explorações agrícolas chinesas de adaptar uma tecnologia de poupança de água. Can.j. agric. econ. 56, 61pp.

Zongo, O. J., Vincent, C. & Steward, R K. (2016). Eficácia de quatro tipos de armadilhas para a captura de Atherigona soccata Rondani (Diptera: Muscidae) e efeitos de algumas práticas culturais sobre este dano. Seminário internacional sobre manejo integrado de pragas. Pp : 116-126.

APÊNDICES

Apêndice 1: Algumas fotografias de operações técnicas no terreno

Photo: The experimental plots

Photo: Collecting insects

Photo: spraying the biopesticide

Photo: insects caught

Photo: setting up the experimental rice parcel

APÊNDICE 2: Fotografia de certas espécies de insectos pragas do arroz

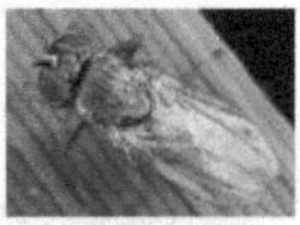

Hydrellia philippina Ferino

(Diptera: Ephydridae)

Nymphula depunctalis (Guenee)

(Lepidoptera: Pyralidae)

Rivula atimeta Swinhoe

(Lepidoptera: Noctuidae)

Rivula atimeta (Swinhoe)

(Lepidoptera: Noctuidae)

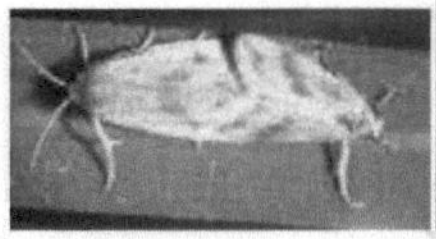

Naranga aenescens Moore

(Lepidoptera: Noctuidae)

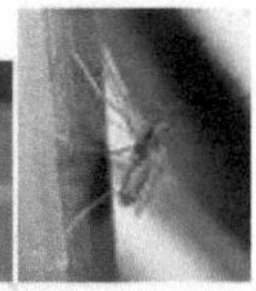

Orseolia oryzae

(Diptera: Cecidomyiidae)

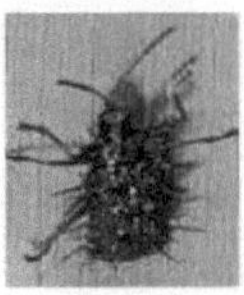

Dicladispa armigera (Olivier)

(Coleoptera: Chrysomelidae)

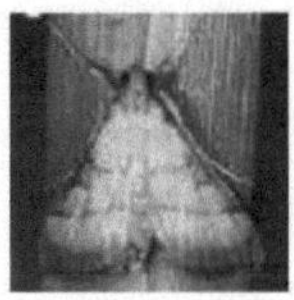

Cnaphalocrocis medinalis

(Lepidoptera: Pyralidae)

Marasmia exigua Butler

(Lepidoptera: Pyralidae)

Marasmia patnalis Bradley

(Lepidoptera: Pyralidae)

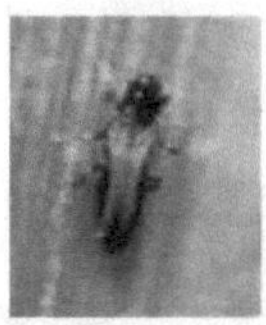

Stenchaetothrips biformis Bagnall

(Thysanoptera: Thripidae)

Pelopidas mathias Fabricius

(Lepidoptera: Hesperiidae)

Parnara guttata Bremer

(Lepidoptera: Hesperiidae)

Oxya sp.

(Orthoptera: Acrididae)

Acrida sp.

(Orthoptera: Acrididae)

Nephotettix cincticeps

(Hemiptera: Cicadellidae)

Nephotettix nigropictus

(Hemiptera: Cicadellidae)

Nephotettix virescens

(Hemiptera: Cicadellidae)

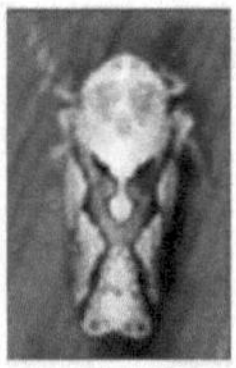

Recilia dorsalis (Motschulsky)

(Hemiptera: Cicadellidae)

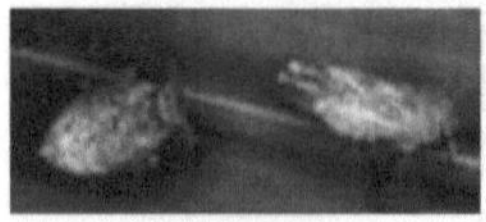

Nilaparvata lugens (Stal)

(Hemiptera: Delphacidae)

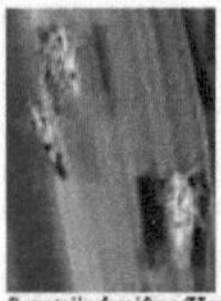

Sogatella furcifera (Horvath)

(Hemiptera: Delphacidae)

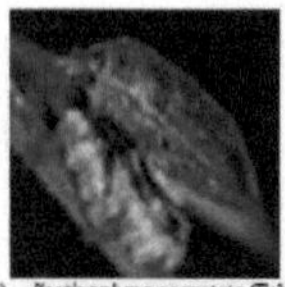

Scotinophara coarctata (Fabricius)

(Hemiptera: Pentatomidae)

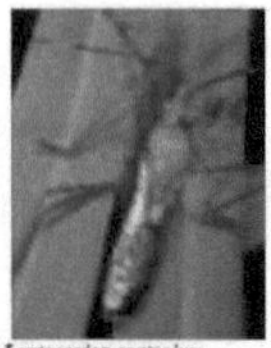

Leptocorisa oratorius

Scirpophaga incertulas (Walker)

(Lepidoptera: Pyralidae)

Scirpophaga innotata (Walker))

(Lepidoptera: Pyralidae)

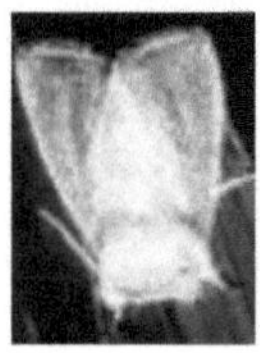

Sesamia inferens (Walker)

(Lepidoptera: Noctuidae)

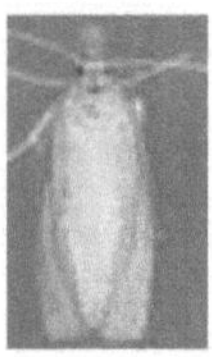

Chilo suppressalis (Walker)

(Lepidoptera: Pyralidae)

Chilo auricilius Dudgeon

(Lepidoptera: Pyralidae)

Chilo polychrysus (Meyrick)

(Lepidoptera: Pyralidae)

Diopsis thoracica West Wood

(Diptera: Diopsidae)

MIX
Papier aus verantwortungsvollen Quellen
Paper from responsible sources
FSC® C105338

Printed by Books on Demand GmbH, Norderstedt / Germany